ものがたり

配管の歴史

History of Piping

発行人：(一社)配管技術研究協会

編　著：西野　悠司

はじめに

1. 本書の特徴

　文明史を遡ると、人は今からおよそ 6000 年前、生きるために必要な水を運ぶため、土管や竹管などを原初の「配管」として使用し、水路に類するものはさらにそれ以前からあったものと思われます。その後、まもなく、人類が集合し、都市を形成するに及んで、水路、配管は人が生活していくために欠かせないインフラとなります。本書は古代から現代に至る、この長大な水路・配管の歴史を紐解こうとするものです。舞台は地中海世界、中国にはじまり、ヨーロッパ、そして米国、最後に日本へと展開していきます。

　本書は、長い配管の歴史を八つテーマを軸に辿ってゆきますが、その内容は、紙数の制限があり、筆者の趣向もあり、「連続的な歴史」、「網羅的な歴史」とは言えない面があります。

　筆者としては、配管の歴史上の興味ある一駒、一駒を、また、配管の進歩に情熱を傾けた人々の活躍する姿を、各時代、各地域において拾いあげ、それらをつなげ、紡ぐことにより、配管技術発達の悠久の流れを一望しようと試みました。本書のタイトルを「ものがたり　配管の歴史」とした由縁です。

　本書の構成は次のようになっています。古代のインフラである上水道、下水道を第 1 章、第 2 章に、近代のインフラであるパイプラインを第 3 章に、古代、中世、近世から近代にかけ長く使われた非鉄製の管を第 4 章に、近世から近代にかけての初期の鉄製管の時代の有様を第 5 章に、近代から現代に至る鋼鉄の管の時代を第 6 章に、近代から現代に至る時代のバルブ、管継手などの配管コンポーネントの歴史を第 7 章に、そして、配管の設計、製造、据付け技術の変遷史を第 8 章に置きました。

　配管技術に携わる人々には、配管技術に関する知識の裾野を広げ、理解を深めることに役立つと思います。

　配管技術と関係を持たない一般読者の方には、本書により「縁の下の力持ち」とも言える「配管」というインフラ発展の潮流を実感できることと思います。できるだけ専門用語を避け、避けがたい場合は用語の解説や図をつけました。

2. 配管の歴史における二つのピーク

　6000 年の配管の歴史を俯瞰するとき、文明的に二つの際だったピークとなる時代があります。本書を読む前に、この二つのピークの歴史的な位置づけを頭に入れておくとよいかもしれません。

　ピークの一つは古代ローマ時代、もう一つは産業革命前後の時代です。

　古代ローマ時代には、現代から見てもその規模、精緻さ、品質の高さにおいて驚異的な上水用導水路である「アクアダクト」が 11 本、大規模な幹線下水路である「クロアカ・マキシマ」が建設されます。古代ローマは約 1200 年間続きますが、その後は、際だった文明のない時代が産業革命まで約 1400 年続きます。

　この間の水の流送方法は、近世になって小規模かつ局地的に水車駆動の往復動ポンプが使われた以外は、重力流（水位のレベル差を利用する流れ）によるものでした。このような動力の乏しかった時代には流送技術が革新的な進歩を遂げるのは無理なことでした。それが 1400 年間続きました。

　しかしこの 1400 年の間、産業革命における飛躍的発展の礎となる技術が、緩慢ながらも着実に進歩し続けていました。鉄の生産技術です。その歴史は第 5 章で述べますが、木炭を燃料とする低シャフト炉、シャフト炉そしてパドル炉（反射炉）による錬鉄の少量生産の時代から、水車駆動の「ふいご」を使い、コークスを燃料とする高炉、そして転炉による鋼鉄の大量生産の時代へとゆっくりと確実に進歩していきました。

　その成果が 18 世紀半ば、英国で始まる産業革命というかたちをとって一気に花開きます。産業革命の最も顕著な起爆材になったのは、石炭を燃料とするワットの蒸気機関でしょう。そして、蒸気機関の開発と普及には、ある程度の量と質のよい鉄の存在が不可欠でした。それまでは熱としてしか利用されなかった石炭が蒸気機関によって人は、従来の人力、馬力、風力、水力の動力に比べ、正に革命的な大出力の動力を身近に手に入れることができたのです。

　これが多岐に渡る産業の発達を加速させ、さらにある産業が発達するために別の産業が応えるという連鎖反応がおき、産業・技術の発達を一層促しました。

　配管の世界では、マンネスマン兄弟が 1886 年に画期的な継目無鋼管の製

造技術を発明し、20世紀の鋼管の時代の幕が開きます。

3. 本書の執筆について

本書における歴史上の記述はすべて、先人たちが記録し、それを継承してきたものが基になっています。資料として主に利用したのは、神奈川県立川崎図書館の蔵書、インターネットサイト (Wikipedia、Internet Archive、Project Gutenberg、等々) などです。本書の図と文の出典はそれらの図、文の脇に小文字の記号（資○）で示し、その筆者、文献名等は各章の最後に、記号と共に示しています。

参考にしたこれらの資料を読んでいて感じたことですが、「初めて発明したのは、～」という場合、その領域が「世界において」なのか、「ある限られた地域において」なのか特定するのが難しい場合や、最初の開発者や、開発年代等に異説のある場合があったことを付記しておきます。

本書は (一社) 配管技術研究協会の創立 60 周年を記念して企画されたものです。

最後に、本書の執筆に際してご協力をいただいた、公社、業界団体、企業、そして本書の原稿作成に当たり、ご指導、査読を戴いた当協会の会長、理事、監事、参与、並びに日本工業出版の方々に、厚くお礼を申し上げます。

西野　悠司

本書を読まれる前に
(1) 年代の表記と時代区分の表示

年代は次のように略記します。たとえば、紀元前 200 年は 200BC、紀元前 2 世紀は前 2 世紀、紀元後 200 年は 200 年、紀元後 2 世紀は 2 世紀、日本の元号を並記する場合は 1882 年（明治 15 年）のようにします。

また、時代区分は目安として次のようにしています。

古代：5 世紀以前、中世：5 世紀～ 15 世紀、近世：15 世紀～ 18 世紀、近代：19 ～ 20 世紀前半、現代：20 世紀後半以降現在。

(2) 鋼管のサイズの表示について

　本書では管 (パイプ＆チューブ) のサイズは原則として外径 (mm) で示します。

　鋼管にはパイプとチューブがあります。用途的には、主として、前者は流体輸送、構造用、後者は熱交換用ですが、異なる場合もあります。また、パイプはサイズを指定するとき、外径 (mm または in) ではなく、呼び径（呼び径は外径の数値を切りのよい数にまるめたもので、mm 系で呼ぶ場合は数値の後ろに A を、in 系で呼ぶ場合は B をつけます。単位はつけません）を使います。

　一方、チューブはサイズを指定する際、一般には外径 (mm または in) を使います。

　パイプにおける呼び径と外径の関係の例を下表に示します。

　本書が引用または参考にしている欧米の著作では、管のサイズはすべて in 表示となっています。in の単位がつけば呼び径ではなく外径のはずですが、呼び径と判断される場合があります。このような場合は、ASME 標準に則り、その呼び径に対する外径を mm 換算しますが、それ以外の場合は表示の in は外径であるとして、in をそのまま mm 換算しています。

ASME 標準（ASME B36.10）における管（パイプ）の呼び径と外径の関係の例

呼び径	3/8B 10A	1/2B 15A	3/4B 20A	1 B 25A	1-1/2B 40A	2 B 50A	3 B 80A	4 B 100A	6 B 150A	8 B 200A	10B 250A	12B 300A
外径in	0.67	0.84	1.05	1.315	1.9	2.375	3.5	4.5	6.625	8.625	10.75	12.75
外径 mm	17.1	21.3	26.7	33.4	48.4	60.3	88.9	114	168	219	273	324

　　　参考：・呼び径 14B 以上は、呼び径と外径は数値が同じになります。
　　　　　　・JIS の外径は呼び径 12B(300A) 以下において ASME の外径と異なります。

(3) 一般読者のための用語集

　専門的な用語は最初に出てくるところで、できるだけ注釈をつけたつもりですが、本書に比較的よく出てくる用語の意味と形状を図 (全てではない) で次頁に示します。

1	長手継手	板を巻いてつくる管において、巻き終わったときに管軸方向にできる、両側の板のエッジ同士を接合した部分。(ストレート)シームともいう。
2	周継手	管、管継手、バルブなどを互いに接続するときできる周状の接合部分。
3	ビレット	圧延等の加工がされる前の素材で、断面は円か四角形、サイズは一般的に径(または辺)の大きさ60cm程度以下で、長さは数m。
4	プラグ	管にするための穿孔または圧延(孔の拡大)の際に使う砲弾状の金属、後方より丸棒で支えられる。
5	マンドレル	管の圧延の際に中空素管に挿入する丸棒
6	帯板、鋼帯	管に巻く前の板で、幅は管の周長、長さは管長。錬鉄の場合、帯板と呼び、鋼(スチール)の場合、鋼帯と呼ぶ。スケルプともいう
7	中継ぎ	鋼帯からつくる連続製管において、コイルを解いた鋼帯の末端と次に使うコイルの鋼帯の始端を溶接でつなぐこと。
8	エッジ	板の、溶接される端部
9	コイル	圧延された帯状の鋼板を巻いたもの
10	ロール	丸鋼を穿孔または中空素管を圧延するための回転体で、中空素管を圧延するための半円の溝が付いた溝型タイプと、溝のない、バレル、コーン、ディスク、その他の形状をしたタイプとがある。
11	スクィーズ・ロール	両側から管を押し付けて管径を絞るのに使う2組のロール。電縫管の場合は、溶接のため、オープン・シーム管のエッジ同士を押し付けるために使う。スクィーザともいう。
12	オープン・シーム管	板を巻いて作る管において、成形が終わり、長手継手を溶接する直前状態の管
13	鍛接	白熱した錬鉄同士または鋼同士を強く押し付けることにより、金属的に一体化すること。溶接の一種であるが電気溶接と区別するため、本書では、「鍛接」を使う。
14	溶接	本書では、ガス、または電気のアークにより発生する熱で鋼を溶かすことにより、鋼同士を一体化することをいう。

一般読者のための用語図解(下記番号は上表の番号に一致)

目　次

付録：世界配管史年表

—

第1章　上水道の歴史

ローマ水道橋公園

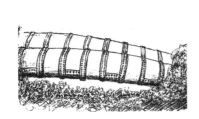

リベット継手錬鉄管

アルクイユ・カシャ水道橋

大貫谷戸水路橋

ヴァンヌ水道　逆サイホン入口

1.1　古代ローマ時代の水道

1.1.1　グーグルで訪ねる古代ローマ水道

　古代ローマ帝国は、753BC のローマという都市国家の創建が始まりで、その後、次々と領土を拡張し、王政期、共和政期、帝政期を経る間に地中海世界を支配するようになります。しかし「始め」があるものには「終り」があり、やがて衰亡期に入り、東西に分裂後、476 年、西ローマ帝国として滅亡します。それは史上最初の最大級の帝国です。

　その帝国において発達した文明、特に水道^注と道路のインフラは、その質の高さ、規模の大きさにおいて現代人から見ても驚異に値します。

　帝国の滅亡後、メンテナンスされなくなった水道は荒廃し、遺跡となってゆきます。そして世界は文明的に長い、暗黒の時代と言われる中世に入り、それは 16 世紀のルネサンスが始まるまで、あるいは 18 世紀の産業革命以前まで続いたといっても言い過ぎではありません。

　水の輸送は、ポンプが発明されるまでの長い間、もっぱら自然の川の流れと同じように、流れの上流と下流の位置の高度差、すなわち、水の持つ重力エネルギーを輸送の原動力として利用してきました。このような流れを重力による流れ、「重力流」といいます。「自然流下式」ということもあります。

　この「重力流」を利用した人類史上特筆すべき技術を確立したのが古代ローマ人です。ローマの大規模な水道建設の背景には、ローマ市という都市の形成に伴い、人口が集中し、良質の大量の水が必要となりましたが、市内を流れるテレベ川の水質は飲料に適さず、かつ井戸や雨水の貯留だけでは賄えきれなくなったことがあります。

　古代ローマ帝国で最初に建設された水道は、322BC、ローマ市内の人口密集地に清潔な水を供給するため敷設されたアッピア水道です。この水道は、有名なアッピア街道にもその名を残す、アッピウスという戸口監察官が建設しました。その後、ローマの急激な人口増加に伴い、220 年ごろまでの 550

注：ローマ帝国の水道は、英語の aqueduct、仏語の aqueduc を意味するラテン語で、「水の通路」という意味ですが、本稿では「水道」と訳します。また、後に出てくる英語の gallery、仏語の galerie は、「地下に、水路（あるいは管）に沿って人が歩くことのできる通路を設けた設備」を意味し、本稿では「導水路」と訳します。更に、フランス語の cunette は水が通る側溝のようなもので、導水路の最下部に置かれますが、本稿では「水路」と訳します。その水路を最上部に置くアーチ状の橋は「水道橋」と呼びます。

年ほどの間に 11 本の水道が建設され、総延長は 500km に達しました。その何本かは 10 世紀ころまでは使われていたようです。

　また、1589 年に、当時のローマ法王によって、古代ローマ時代のマルキア水道のルートを利用して、フェリーチェ水道という新しい水道が建設されています（基本技術は 1300 年間変わっていません）。

　古代ローマ水道を知る上で最も手近にあって、詳しい良書として、今井 宏著「古代のローマ水道」原書房 1987 年刊があります。今井氏はその本に次のように書いています。「アシビーの著書[注1]で水道遺跡の詳細な解説を読み、図や写真を見ながら地図の上をたどっていると、自分が現地にいるかのように、遺跡の姿が浮かび上がってきたことであった」と。そして、今井氏は自分の目で確かめたくなって現地に赴き、実物を確認するため遺跡を巡られましたが、大変な労苦を費やしたにもかかわらず、いろいろな条件でたどり着けなかった遺跡も多かったといいます。

　我々にはいま、今井氏の時代になかったグーグル・マップの航空写真とストリート・ビューがあり、これを使って、スポット的な水道遺跡の様子だけでなく、水道橋（きょう）に沿って、歩きながらあるいは車を走らせながらの気分で、水道橋を遠望したり、360 度見渡したり、近寄って詳細を観察したり、さらには水道橋がありそうな道を探索して、ガイドブックにない遺跡を見つけることもできます[注2]。

　ただ、ストリート・ビューは見たい位置から自由に見ることができず、また、ストリート・ビューをいかに拡大しても肉眼による観察には到底及ばないので、「現地に行って、見る」ことには及ばないでしょう。

　古代ローマの 11 本の水道を建設順に並べたのが表 1-1 です。

　ローマ市を囲うアウレリアヌス城壁に作られたマッジョーレ門（地下鉄 A 線、マンゾーニ駅より 700m）は、人の出入りする門であると同時にローマ市の東方にある水源地からの、複数の水道が集結してローマ市内に入る門でもあります（ローマ市の西はすぐ海なので、水源は東方に多い）。図 1-1 にマッジョーレ門に集中する水道の様子を、図 1-2 にマッジョーレ門付近の水道の

　注 1：1935 年刊。"Internet Archive" で見ることができます。
　注 2：グーグル・マップによる探索の仕方は、例えば、「マッジョーレ門」を街角から見たい時は、グーグル・マップでローマ市のマップを表示しておき、「マッジョーレ門」を検索欄に入れ、検索すると、地図上のその門の場所に赤いマークが出ます。ストリート・ビューのマスコットをその辺りに落とすと、その地点の 360 度の景を見ることが出来、マッジョーレ門を見つけることが出来ます。マップの、青い線がついた道路は、マスコットが移動できる道路を示しています。あなたも探索してみてください。

配置状況を示します。

　図 1-1 に見るように、マッジョーレ門の上に三つの水道が、段積みの形で上から順に、表 1-1 の番号⑨、⑧、⑫が配置されています。⑧、⑨は門の上以外の部分はなくなっています。一番下の、かまぼこ型のふたのついた⑫は前出のフェリーチェ水道で、以下に述べる水道橋公園からこの門まで、テルミニ駅近くの線路によって中断されるところを除き、切れ目なく続いています。この間、⑫のルートの多くはこの門の前後も含めて、③または⑧の壊れたルートの上を利用して通しています。

　見ることはできませんが、さらに①と⑪がこの近くの地下を通っているということです。

　図 1-1 の城壁右端上部に四角い穴が三つ開いていますが、これは、③、④、⑤の水路を通した穴ですが、その手前と後方にあるはずの水道橋は失われて

表1-1　ローマ市の11 本の古代水道と１本の中世の水道　資①-1、③

番号	名称	建設年	長さkm	高低差m	流量×10^3(m^3/日)[注3]	高さの順番[注1]
①	アッピア水道	312BC	約17	約10	約73	8
②	旧アニオ水道	272-269BC	約64	約232	約62	6
③	マルキア水道	144-140BC	約91	約259	約188	5
④	テプラ水道	125BC	約18	約90	約18	4
⑤	ユリア水道	33BC	約23	約286	約48	3
⑥	ヴィルゴ水道	19BC	約21	約 4	約100	7
⑦	アルシエティナ水道	2BC頃	約33	約192	約16	9
⑧	クラウディア水道	38-52	約69	約253	約184	2
⑨	新アニオ水道	38-52	約87	約330	約190	1
⑩	トライアーナ水道	109	約33			
⑪	アレクサンドリナ水道	226	約22		注2	
⑫	フェリーチェ水道[注4]	1589	約24			

　注１：水道がローマ城壁を超えるときの水路の高さの順位。
　注２：表の右側三つの欄の数値は後述の「水道書」から引用しているので、「水道書」より後に完成した⑩から⑫の水道の値は空欄となっています。
　注３：「水道書」の流量は、古代ローマで使われた１日当たりの流量単位「クイナリア」で書かれていますが、この表の値はそれをm^3/日に換算したものです(クイナリアについては、1.1.3 項参照)。
　注４：中世に建設された水道です。

図1-1^注　マッジョーレ門に集まる水道

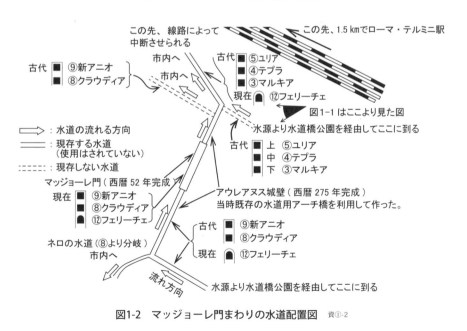

図1-2　マッジョーレ門まわりの水道配置図　資①-2

注：図1-1 は、図1-2 の ▶ の地点より、目線の方向を見たときの光景です。

5

しまっています。

　マッジョーレ門の両側に続くアウレリアヌス城壁は、273年から275年に建造されたもので、建設費用と時間の節約のため、当時既に存在した水道橋のアーチの空間を埋めて城壁にしたものです。

　マッジョーレ門は、⑧と⑨が完成した記念に作られたもので、門の上を2本の水道が載る特異な外観をしています。この門の部分の水道の外壁は大理石で、水道建設を称える文が刻まれています。これら2本の水道の、門の左右の部分は、⑫の建設当時、すでに取り壊されていたと考えられますが、マッジョーレ門の上の部分において、なぜ古い水道⑧と⑨の下に新しい⑫があるのか、理由のわかる文献はありませんでした。⑧の下を何らかの理由で空洞にしておいたのかもしれません。

　⑥の水道は、ローマ市の北の方から市内に入る古代水道で、帝国滅亡後、使えなくなりましたが、1453年、ローマ教皇のニコラウス5世が完全な修復、拡張工事を行い、ヴェルジネ水道として蘇りました。この水道が、ローマの古代、中世の水道で現在も使われている唯一の水道で、トレビの泉などに水を送っています。

　さて、マッジョーレ門からフェリーチェ水道を上流方向へ北北東に5～6kmさかのぼるとトッレ・フィスカレ公園、続いてローマ水道橋公園（地下鉄A線のジュリオ・アグリコーラ駅で下車、徒歩25分）があります。

　「ローマの松」がところどころにそびえ立つ、これらの広々とした公園において、表1-1の、③、④、⑤、⑧、⑨、⑫の水道遺跡をグーグルマップでも見ることができます。

　⑧と⑨はここでも2段積みです。場所によって、一際高いアーチ橋を延々と連ねていたり、また場所により図1-3のように断続的なところもありますが、概してよく保存されています。図1-3の右に見える⑫は新しいこともあり、連続的に切れ目なく続いています。

　水道公園の北側は南側より標高が高いらしく、水道橋は北へ進むに従い、橋脚高さを低くしつつ次第に地上に降りてきて、地面を這うように進みます。このようなこともグーグル・マップから知ることができます。③、④、⑤はここでも互いに隣接していますが、断片的な遺跡しか残っていません。

　これらのルートは遺跡の残る箇所で⑫のルートと一致しており、水道橋公

図1-3　ローマ水道橋公園

園において⑫は③のルートを選んで通したことが分かります。資①、②、③

1.1.2　水源から貯水槽までの水道

　水源から都市城壁までの水道ルートは、谷やくぼ地を超え、山を迂回し、迂回できない場合はトンネルを堀って通しましたが、水源の泉や川と消費地の都市間の高度差は一般に余りなかったので、できる限り緩やかな勾配で、高度差を途中で無駄に失なわない最適のルートを、測量によって調査し選定しました。

　勾配を小さくすると、その分、流速が遅くなり、同じ流路断面積の場合、流量が減ってしまいます、27BC に書かれたと推定されるウィトルウィウスによる建築書は、5/1000（1km につき 5m の高低差）以上の勾配を推奨し、最低でも 1/4800 は必要と言っています。古代ローマの水道は 2/1000 から 6/1000 程度の勾配が多いようです。

　起伏のある地形を一定勾配で渡って行くためには低い陸橋が使われました。

　谷を越す方法は、橋による方法と逆サイホンによる方法（図 1-4）があり、適材適所で使い分けられました。後者は一旦下がった水路を元のレベル近くまで上げる必要があるため、水路は満水となり、水路内に圧力がかかります。水路内が大気圧以上になると、管を使わねばならず、工作に手間のかかる石管や鉛管を必要とする上に、漏水量が増えました。そのため開水路（水面を

持ち、大気圧に開放された流れ）が使える橋が多く採用されました。しかし深い谷は橋脚の高さが高くなり、その強度に問題が生じたり（高さ50m以上の橋は採用されていないという研究がある）、広くて比較的深いくぼ地を通過するのに橋はコストが掛かる場合などには、逆サイホンが採用されました。

　山はできるだけ迂回しましたが、迂回のルートがない場合はトンネルを掘りました。図1-4、図1-5に見るように、トンネルの途中にほぼ等間隔（例えば35m間隔）に山の地表からトンネル位置までシャフト（たて穴）を設けました。

　シャフトの目的は、

- 掘削時にトンネルを直線化する基準点となる、
- シャフトの底から両側へトンネルを掘り進めることができるので、掘削工事面が増加する、
- 運用後のメンテナンス（陥没箇所の早期特定、トンネル補修）に使用する、

などのためでした。

（1）水道橋の構造：水道橋は、谷やくぼ地を渡ったり、起伏の多い複雑な地形に対応するため以外に、もう一つ重要な目的がありました。それは、都市部のできるだけ広い範囲や丘にまで配水できるようにするためには、水はできるだけ高い位置で、市の城壁に達する必要があり、そのために架橋が使われました。

　アーチ橋（図1-6）の構造部材には、圧縮力のみで引張り力が働かないので、

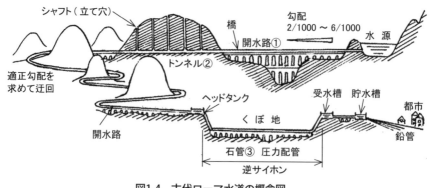

図1-4　古代ローマ水道の概念図

引張りには極めて弱いが、圧縮には強い石の特徴（表1-2参照）を活かすため、ある高さ以上の橋はすべて石のアーチ橋が採用されています（図1-6）。

　アーチ部を縁取る切石は、要石と称する中央の石から、左右対称に迫石（せりいし）と称する石を順に並べて半円状にしますが、そのため要石と迫石の側面は楔（くさび）状に加工されます。上から要石にかかる荷重と要石の自重は、隣接する迫石との接触面で圧縮荷重の分力となります（図1-6）。その迫石接触面の圧縮荷重、そして迫石の自重と迫石の上にある荷重を合わせて、迫石は隣接する次の迫石の接触面に圧縮荷重を伝えます。このようにして、順次下方へ圧縮荷重を伝えていき、最後にアーチを置く基礎石に全荷重を伝えます。このアーチ構造は2500年経った現代においても石造構造物に使われています。

（2）水路の構造：水道橋、地表上、埋設、トンネルを問わず、下り勾配の水路は、開水路とすることができました。ふたがしてあっても、開水路の水路内は大気圧なので、耐圧強度は必要ありませんが、水密性は必要でした。

　水路断面はU形で、異物が入らないように石のふたが置かれました。

表1-2　石、木材、金属の強度比較　単位MPa

強度	石（花崗岩）[注1]	木材（楢材）[注2]	鉛	鉄（SS400）
引張	5.5	45	13	400
圧縮	150	120	—	400

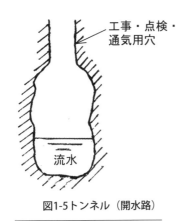

図1-5 トンネル（開水路）

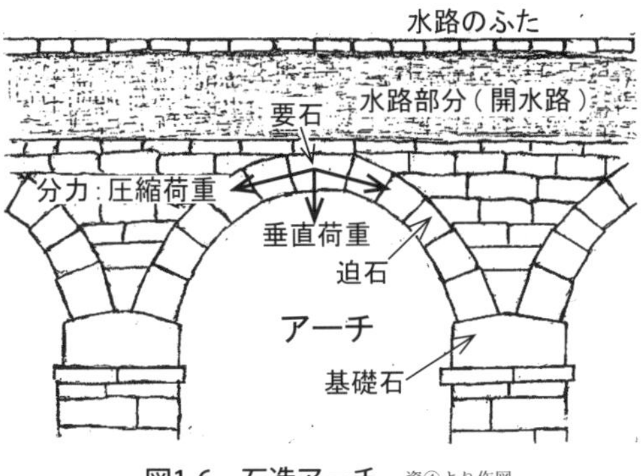

図1-6　石造アーチ　資④より作図

工事・点検・通気用穴
流水

水路のふた
水路部分（開水路）
要石
分力：圧縮荷重
垂直荷重
迫石
アーチ
基礎石

注1：建築内装技術ハンドブック　朝倉書店　による。
注2：https://www.toishi.info/sozai/woods/　による。

　水路の構造の代表的なものは、古代ローマの前期には標準サイズの切石を組む方法でしたが、後期になると、古代コンクリート（ローマンコンクリートともいう）を使うようになりました。これらを基本として、両者を組み合わせたり、材料を多少変えたりしています。

（3）切石を組む構造：標準化されたサイズのブロック状の切石で組みあげました（図 1-7 A 図）。水路部は、水密性を確保するため、切石同士の合わせ面にモルタル（石灰石を焼いたものを粉砕して粉にしたものに、砂と水を加えて練ったもの）を挟んで接着しました。水密性をよりよくするため、合わせ面の中央に溝をつけ、その溝にモルタルが入り込むことにより、水の漏れすじを複雑なものにしました。また水路内面にも気密性と、水流が水路壁に接する面の摩擦抵抗を減らすため、モルタルを塗りました（図 1-7 B 図）。

（4）古代コンクリートを使う構造：切石を組む構造より後代に現れた構造です（図 1-8）。水路壁を作るため薄いレンガを重ねて枠を作り、その中に古代コンクリートを流し込みました。古代コンクリートは、モルタルに砕石やレン

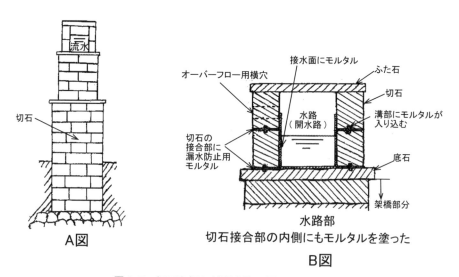

図 1-7　切石を組んだ開水路の例　資⑤などより作図

参考：現代のモルタルは、セメント（石灰岩よりつくる）に、砂と水を混ぜたもので、適度な強度と装飾性もあり、建物の外壁によく使われます。現代のコンクリートは、セメントに砂と水、砂利を混ぜて作ります。モルタルよりも強度があります。なお、現代の一般的なセメントであるポルトランド・セメントは 1842 年に英国で特許がとられました。

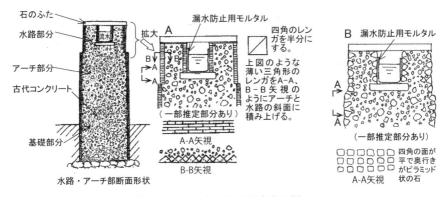

図1-8　古代コンクリートによる開水路の例 資⑥などより作図

ガの破片を加えたものですが、砕石やレンガの破片の量をモルタルの量より多くしています。現在のコンクリート寿命は100年のオーダーですが、古代コンクリートの寿命は1000年のオーダーで、今なお、そのレシピが明らかになっていません。古代ローマでは、砂の代わりに火山灰を混ぜたモルタルも使われており、砂のものよりも高い強度を、より短期間で確保できたと言われています。

（5）圧力配管：図1-4に示す逆サイホン部では、水が満水で流れ、かつ大気圧以上の圧力を持つので、内部圧力に耐え、漏洩を防ぐ工夫が必要でした。

　古代ローマでは大径の管は石管、小径の管は鉛管が使われました。石管は図1-9に見るように運搬可能な直方体の石材（安山岩や花崗岩）に丸い穴を

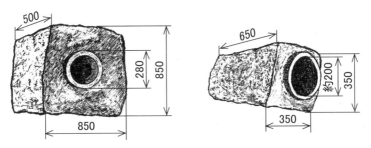

A図：アスペンドス水道用（高圧）　　B図：オットマン・アッコ水道用（低圧）
図1-9　石管（オス型） 資⑦、⑧より作図

あけ、管と管の接合はオス・メス型の篏合方式をとり、接続の際は、モルタルを間に挟んで接合しました。図 1-9 の A 図はアスペンドス水道（後述）のもの、同 B 図はオットマン・アッコ水道（後述）のもので、遺跡の写真をもとに描いたものですが、前者の内圧は 0.4 ～ 0.5MPa、後者はせいぜい 0.1MPa 程度で、A と B の図から、内圧の大きさにより、壁の最小厚さを決めていたことがうかがえます。鉛管（4.2 項参照）も使われましたが、強度的に口径の大きな管は作れなかったので、石管と同じ流量を得るには何本も並べて使う必要がありました。資①、②、③

1.1.3　貯水槽から受給者への配管
　市街へ入る地点、例えば城壁付近まで水路で導かれてきた水はそこに設けられた主貯水槽に蓄えられ、さらに複数の副貯水槽へ分水されます（図 1-10）。
　副貯水槽までは開水路ですが、副貯水槽から先の配水管は、ローマではもっぱら鉛管が使われ、ローマの属州では陶管や木管も使われました。
　鉛管については 4.2 項を、陶管については 4.1 項を、木管については 4.4 項を参照願います。
　古代ローマの水道の事情は、97 年ごろに著されたフロンティヌスの「ローマ市の水道書」（資①にその邦訳が載っています）により知ることが

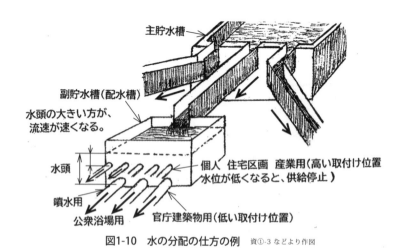

図1-10　水の分配の仕方の例　資①-3 などより作図

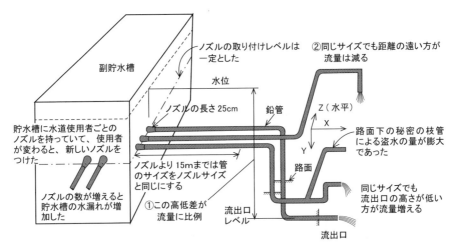

図1-11　副貯水槽からの配水管　資①-4 などを元に作成

できます。フロンティヌスは同書でローマ水道のことを、「多量の水を運ぶのに欠かすことのできないこの堂々たる構造物と、無用のピラミッドや、有名ではあるが無益なギリシャ人の労作と比較いただきたい」と、熱情を込めて語っています。資㉔

　図 1-11 に副貯水槽から個々の水道使用者へ配水される要領を示します。

　ローマでは管の流量は、管の断面積のみに比例すると考えられていました。実際は、流量は管断面積×流速であり、流速は① 落差、② 管長さ、③管摩擦係数によって決まるのですが、流速が①、②、③の影響を受けることは、定性的に分かっていましたが、流量評価には考慮されませんでした。ただ、①により、貯水槽に取り付ける給水ノズルのレベルは一定にしていました。

　流量は断面積に比例するとして、ノズルサイズごとに流量が定められており（どのように具体的流量を決めたかは不明）、貯水槽に取り付けるノズルサイズと給水量をリンクさせ、水道使用者への税金もノズルサイズによって決められました。また、水道の流量も、その水道につながっているすべてのノズルサイズと数量から算出しました。しかし、上記のように、各ノズルの流量が正確なものではないため、それをベースにした流量は疑わしいものにならざるをえませんでした。流量は、当時の 1 日当たりの流量単位、「クイナリア」で表されていました。後世の人が 1 クイナリアが何 m³/ 日に相当するか

を、研究しましたが、研究者により、1クイナリアは11から60m³/日までと、大きな開きがありました。最も新しい研究（1916年で）は、1クイナリア＝40m³/日としており、表1-1の流量は、この換算値を使ったものです。

　表1-1の11本の水道の1日あたりの総流量は90万m³にもなり、人口90万人（最大100万人と言われている）として、1000リットル/人・日となり、今日の東京都の233リットル/人・日を遥かに凌いでいました。[資①、②、③]

1.1.4　セゴビア水道　世界最美の橋

　ローマ帝国の版図がヨーロッパ、中東、アフリカへと広がるにつれ、ローマの水道が、これら各地に建設されました。フランス、スペイン、英国、ドイツ、ギリシャ、トルコ、シリア、レバノン、イスラエルなどです。

　スペイン、セゴビア市の水道橋や南フランスのポンデュガールの水道橋などは特に有名です。

　開水路の場合は水路のレベルを一旦下げてしまうと、元のレベルへ戻すことができないので、一定勾配を維持するため、街中でもくぼ地のところは高架とします。セゴビアの代表的景観である、市内約850mにわたる、最大高さ28m余の2段の水道橋は、市内のくぼ地を一定勾配で渡るため、その地形に合わせた高さの橋脚を持つ架橋です。図1-12。

　アーチ構造の架橋は単段のアーチでは強度的に高さ20m程度が限界であったので、それを越えるときは、アーチを2段ないし3段にする構造をとりま

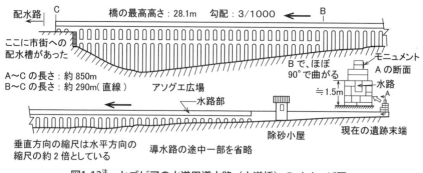

図1-12[注]　セゴビアの水道用導水路（水道橋）のイメージ図

注：本図はグーグル・マップとストリート・ビューを参考に作成した。ストリート・ビューにより、上図のAからCまで、ほぼ全長にわたり、水路に沿って歩くことができる。

した。セゴビアの水道は 2 段、南フランスのポンデュガールは 3 段です。

　ローマ帝国がイベリア半島を征服し、統治していたのは 200BC から 400 年までの約 600 年間で、セゴビアはローマ帝国にとって半島北部のサラゴサと南部のメリダと並ぶ重要都市でした。ローマ帝国にとって水資源の確保が最大の課題となっていました。

　水源はセゴビア北方の丘陵を流れるフリオ川をせき止めて取水し、谷、丘、町を越え、セゴビア市内と最終目的地であるアルカサル城へ配水する配水槽まで、14km の水道を紀元 1 世紀初めに完成させました。セゴビアのシンボルともなっている正面から見た優美な水道橋の位置からその上流へ、約 850m の長さの導水路が後年の絶えざるメンテナンスのおかげで現存し、図 1-12 に示すようにほぼ完全な形で目にすることができます。この水道は 19 世紀半ばまで実際に使われていました。

　大規模な架橋に比べ、水路そのもののサイズは意外に小さく、高さ 30cm、幅 25cm です。上に薄い石のふたがしてあります。架橋は下流終端で、セコビア市内の高台の高さに一致しており、この高台に市街へ配水するための配水槽があったということです。配水槽から市中の中継池に分水され、そこから各所に配水されました。最後の目的地であるアルカサル城の城門までの 1.2km の水路は地下を通しました。資④

1.1.5　塔のあるアスペンドス水道

　地中海世界を征したローマ帝国はトルコにもローマ水道を建設しました。

　アスペンドスは地中海に面するトルコ南岸から少し内陸に入ったところにある現存する古代都市で、アスペンドス水道はその北方にある山地の泉（この泉は今もかなりの湧水量があるそうです）の水を、20km 離れたアスペンドスのアクロポリスの丘へ運ぶもので、2 世紀に建設されたものです。山地を通る水道のルートは今でははっきりしてないようですが、山地を出てアクロポリスの丘に至る最後の行程は広さが 2 km 弱の浅いくぼ地になっており、図 1-13 に示すように、水道はこのくぼ地に降り、低い陸橋でくぼ地を渡り、アクロポリスの丘に上ります。

　図の左手の山地の端に送水槽（ヘッドタンク）を、右手のアクロポリスの丘に受水槽を設け、両水槽間の距離 1670m は逆サイホン（U 字形をした配

管で、大気圧以上の内圧を持つ）を形成しています。送水槽と受水槽の水位の差は 14.5m ほどあったと推定され、この落差を利用して逆サイホンの管の中を水がアクロポリスの丘へと流れます。管の形状は図 1-9A 図参照。

　この導水管で特徴的なのは、逆サイホンの途中に北の塔と南の塔の二つの塔があることです。現在、二つの塔の頂上部分は荒廃して残っていませんが、両方とも塔の頂上部分に、図 1-13 に示すような、塔に載る程度の小さな大気開放の水槽があったと考えられます。送水槽からくぼ地に下った管が北の塔を上って、一旦水槽に入り、すぐ水槽を出て、くぼ地へ下り、南の塔で同じように上り、水槽を経て下り、最後にアクロポリスの丘を上って、受水槽に注がれます。そこからアクロポリスの公共施設や市街地の一般市民に配水されたものと思われます。

　図 1-13 において、送水槽と受水槽の両水位を結んだ直線は水力勾配線と呼ばれるもので、この線上に二つの塔の水槽の水面があったと考えられます。高さ 10m の水柱の水の底面での圧力は約 0.1MPa（約 1 気圧に相当）ですから、北の塔と南の塔の間の導水管と送水槽の水位とのレベル差が 47m 前後あるので、この管内部は 0.4 ないし 0.5MPa（4 ～ 5 気圧）ほどの圧力を持っていたと考えられます。

　逆サイホン途中の二つの塔の目的として、ベント（空気抜き）と過渡的な異常圧力を逃がすことが考えられます。図 1-14 に示すように、ヘッドタンク[注]より空の導水管に最初に水を入れるとき、空気を巻き込んで入ります。空気は管中で水の流動により圧縮したり膨張したりして、流れが不安定になり、非定常な流れを引き起こします。そのため、管内に入った空気を速やかに排出

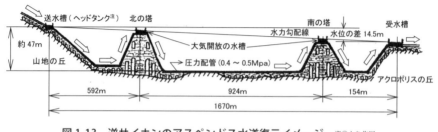

図 1-13　逆サイホンのアスペンドス水道復元イメージ　資⑦より作図

注：下流の水位より高くした水位を持つ水槽で、その水頭差で水を流す。

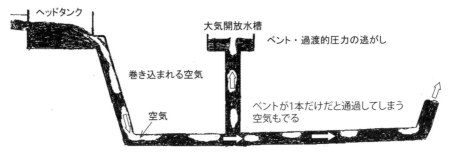

図1-14　塔の目的

するベントが必要となります。ベントは、水面のある管の場合は単なる通気管（図 1-4 のシャフトもこれに類するもの）で済みますが、ここは逆サイホンなので管は内圧を持っており、内圧が大気圧となるレベル、すなわち、水力勾配線上まで管を上げ、そこに設置した大気開放の水槽で完全に空気を取り去り、かつ、異常な過渡的圧力上昇を逃がす役割を果たした、と考えられます（図 1-14）。この技術は、後世の水撃対策にも活かされています。

　アスペンドス水道から、地中海に浮かぶキプロス島を挟んで、南西に 550km 離れたイスラエル北方の海岸にオットマン・アッコ水道があります（旧アッコ市は現アクレ市）。この水道は古代ローマ時代ではなく、18 世紀末オスマン帝国の高官、ジャッザール・パシャによって建設され、1948 年まで用役を果たしていた水道です。全長約 14km の上流は高架の開水路ですが、アッコ市に入る手前 2.5km は埋設管となっています。この埋設部にほぼ 500m おきに頂部に水槽を持った塔が五基設置されています（図 1-15）。この塔の目的は、アスペンドス水道の塔と同じ目的の他に、埋設配管であるため、漏洩位置の特定のため、また水道途中より公共用水や灌漑用水を取水する際の流れの過渡的な現象対策のためと考えられています。資⑦、⑧

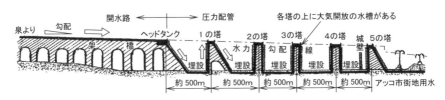

図1-15　オットマン・アッコ水道の塔群の復元イラスト　資⑧より作図

1.2　パリの近世・近代の水道

1.2.1　パリ水道遺産のあらまし

　現在のパリ市の地は、古代ローマ帝国時代には帝国の支配下にあり、ルテティア（ラテン語：Lutetia）と言う名で呼ばれていました。古代ローマ人はルテティアでも水道を建設しており、現在その遺跡が残っています。その一つが、ランジス台地（パリの南南東で、オルリー空港のごく近く）を水源とし、当時のルテティアまで導水したリュテス水道（Lutece aqueduc）です。

　16世紀、パリの人口が増え、井戸や近くの泉の水だけでは飲料水が間に合わず、アンリ4世（1553~1610年）は晩年、時の大臣サリーに命じて、古代ローマ時代に使われた水源を探すため、ランジスの土地を購入させました。王の死後、この仕事は妃のマリー・ド・メディシスに引き継がれ、妃が住むために建設したリュクサンブール宮殿とその庭園の噴水用として、1613年に水道建設を始め、古代のリュテス水道のルートにほぼ沿った、距離12.5kmのメディシス水道（別名、ランジス水道）を1634年に完成させました。しかし水量が絶対的に少なく、市民は依然として水売り人が売るセーヌ川の水を飲まざるを得ませんでした。

　王制が倒れたのち、皇帝となったナポレオン・ボナパルトは、1802年、新たな水道の建設をピエール・シモン・ジラールという主任技師に命じました。そして、1808年、セーヌ川の上流から分かれて市内に入るウルク川の運河化と、運河が市内に入った先にヴィレッテ貯水池を建設、そしてこの貯水池を水源として、セーヌ川右岸（オペラ座やルーヴル美術館がある側）を中心に、下り勾配をとって重力により水を流す「環状水道」を完成させました。この水道によりパリの水事情は大幅に改善されましたが、水質は運河を航行する船などにより汚され、満足のいくものではありませんでした。

　さらに時代が下って、ナポレオン3世は1855年に技師、オイゲン・ベルグランドをパリの上水道、下水道の責任者に命じました。彼は優れたプロジェクトリーダーであると同時に優れた土木技術者でもありました。彼はパリから遠く離れた水源から清浄な水を引く3つの水道を次々と完成させました。すなわち、1863～1865年の間に完成させた、パリの東北東85kmの水源から、適切な勾配の地を選び、21の谷を逆サイフォンで超える全長129km、

流量 22,000m³/ 日のデュイス水道。1866 年に工事を開始し 1874 年に完成させた、パリ南方の川を水源とする全長 156km、流量 145,000m³/ 日のヴァンヌ水道。この水道には逆サイホン（1.1.5 項参照）やポンプ下流の圧力配管に口径 1.1m の鋳鉄管が大量に使われました。さらに、パリ西部を水源とし、口径 1.8m の鋳鉄管を使った、全長 102km、流量 160,000m³/ 日のアヴレ水道が 1893 年に稼働しました。その後、ヴァンヌ水道のルート沿いに大流量 210,000m³/ 日のロアン水道が 1900 年に完成し、パリの飲料水の悩みは解消されました。資⑨、⑩

　これら水道のおおよそのルートを図 1 -16 に示します。

1.2.2　メディシス水道

　パリの市街地から離れた水源より清浄な飲料水をパリへ運ぶ、近世最初の水道です。地下に敷設された、重力流によるメディシス水道の大部分は、その上が街路になっていますが、ほぼ 500m おきに、仏語で "Regard"（英語の "Manhole"、または "Look"、または "Gaze"）と呼ばれる、地下の水路を点検するために地上から階段で降りるアクセス口があります。アクセス口の上には鍵のついた鉄の扉がある小さな石小屋が建っています。本稿では "Regard" を「点検口小屋」と訳します。水路の上の多くは舗装道路で、水路がどこを通っているか見分けはつきませんが、この点検口小屋がほぼ 500m おきに道路わきなどに立っているので、これを水道の出発点に立つ No. 1 の小屋から

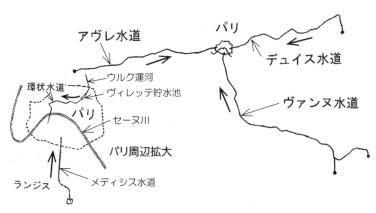

図 1-16　パリ市の近世の水道、概略ルート　資⑨、⑩より作図

目的地に立つ No.27 の小屋まで順にたどれば、12.5km の水道がどこを通っているかをほぼ知ることができます。この点検口の石小屋はパリの市街にすっかり溶け込んでおり、注意深く観察しないと見過ごすかもしれませんが、グーグル・マップの航空写真で、ありそうな所を上空から「鷹の目」のようにつぶさに見ていけば識別でき、識別できたらストリート・ビューを使って地上に降り立つことにより、ほとんどの場合、石小屋を間近に見ることができます。

　さて、メディシス水道のルート中ほどに一か所だけ導水路が陸橋となって地上に現れるところがあります。アルクイユとカシャンの間の、地形が帯状にくぼんだビエーヴル谷を水道が横断する部分です。ここは高さと一定勾配を保つため地上に現れアーチ橋となっています。後に建設されたヴァンヌ水道（後述）は、この谷を渡るのにメディシス水道橋の橋脚の上に脚を足して、2 階建ての橋とし、上の階に鋳鉄管を通しています。このためこの橋は谷の一番深い中央辺りが 2 階建ての景観をしています（図 1-17）。資⑫

（1）導水路の構造：メディシス水道の導水路の構造は、石造りで、内のりの幅 1m、高さ 1.75m で、点検などのため人が歩ける高さです。導水路の底に幅、深さともに 45cm の溝状の水路が設けてあります（図 1-18）。

ヴァンヌ水道

メディシス水道

図1-17　アルクイユ・カシャン水道橋

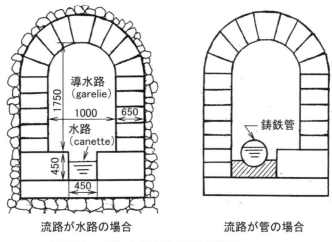

流路が水路の場合　　　　　流路が管の場合

図 1-18　メディシス水道の導水路断面 資⑨より作図

　上記の水道橋のたもとにある点検口 No.10 から最終の No.27 までは当初は水路でしたが、後年、鋳鉄管に改造されています注。管内は、満水で流れるのではなく、水面がある流れではないかと考えられます。

　点検口 10 と 22 の間には、間隔をおいて計 5 台の鋳鉄製仕切弁が設置されていますが、これは修繕したい箇所の前後 2 台のバルブを閉め、水を抜き、修理するためのものです。

(2) 点検口の目的：ほぼ 500m 間隔で設置された石小屋から階段で地下に降りると石づくりの小部屋があります。その中央に長方形の水槽（底面積の大きさはまちまちですが、2 〜 5m^2 位と推定）があって、水槽の一端に水の流入口、他端に水の流出口があります。流入口は水槽の水面まで若干の落差があり、水は落下して水槽に入ります。資⑫

　点検口の目的は次のようなものです。

　1) 水路または管を、点検、補修するために人が水路に達する。

注：資⑫によると、No.10 点検室内部の図 (平面、立面) では水路になっているので、当初、水路であったものを、何らかの理由で後年 (No.22 点検口以降のルート変更が行われた 1860 年かもしれない。後述参照) 水路のスペースを利用して、鋳鉄管を敷設したものと思われます。No.10 点検室内部の写真を見ると、導水路下部に堰を設け、上流に水を溜め、堰に鋳鉄管を貫通させ、下流側へ出している様子がうかがえます。ある文献では、No.10 より No.27 の方が地形が高いため、管を使い、満水にして流したと説明していますが、筆者の調べでは、No.10 より No27 へ向かって、徐々に高度は下がっており、また、ポンプを使用した形跡がないことから、この文献の説明は納得がいきません。

2) 導水路の換気（この機能のないものもある）。

3) 水槽で流速を落とし、異物を沈殿させ、定期的に水槽を清掃する。

4) 水を若干落下させることにより、水中の溶存酸素を補給する（酸素は水中のバクテリア繁殖を抑制する働きがあるという）。

5) 特定の点検口では流量測定も行われたようです。

　点検口小屋の外観と換気機能のある点検口内部のイメージを図1-19のA図、B図に示します。

(3) 水源のしくみ：メディシス水道の水源の構成は図1-20のようになっています（最終状態）。ランジスの地は元々、地勢的には丘陵地帯に入り込んだ谷の奥まったようなところで地下水の集まりやすいところでした。「水の四角」と称する、地下に四角形に回廊のように巡らされた導水路の壁から集水します。壁は「バービカン」と呼ばれ、地下水を集める工夫がなされています。建設当初の水源は、点検口No.0を起点とする「水の四角」の回廊を囲む多数の「水壁」で、図1-21に示すように、壁には壁を貫通する多数のスリットが設けられており、土壌からスリットを通して、地下水と土壌でろ過された雨

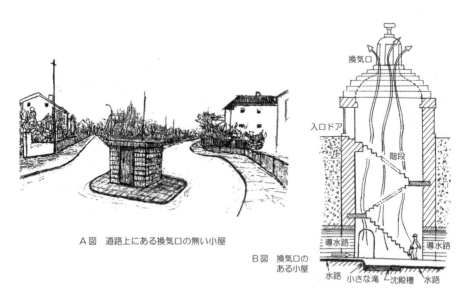

Ａ図　道路上にある換気口の無い小屋

Ｂ図　換気口のある小屋

図1-19[注]　メディシス水道の点検口

注：Ａ図はNo.4点検口、Ｂ図はNo.3点検口がモデルです。

水が水路に流れ込み、その水が点検口 No. 1 の水槽に導かれます。

　しかし、1932 年に、ランジスのすぐ近くにオルリー空港が開港し、その後、高速道路も建設されたため、現在は「水の四角」の地下水は枯渇し、その上は今、サッカー場となっています。資⑫

　この水道は当初から上記の水源だけでは、目標の水量が得られませんでした。その原因の一つに、水道が通る土地の地権者らが、既得権を持ち出し、途中で私用に水を抜いたことがあります。そこで 1651 年に新たな水源を探し始め、その結果、マイエの水源とピルエット水源から、二つの水道を建設し、

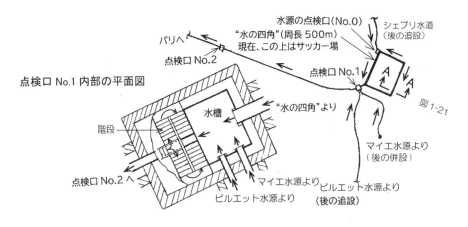

図 1-20　メディシス水道の水源　資⑫より作図

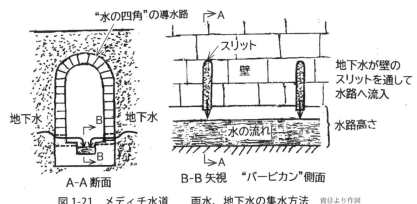

図 1-21　メディチ水道　　雨水、地下水の集水方法　資⑫より作図

点検口 No.1 の水槽に接続しました。ただ、マイエ水源の方はここ 100 年以上、水が出ていません。その後、技師ベルグランドの時代に、南の方からシェブリ水道を引き、水源の点検口（No.0）の水路に接続しました。図 1-20 参照。

（4）水道の行先：建設当初は、パリ天文台（リュクサンブール宮殿の近く）に隣接する「泉の館」とその敷地の地下にある貯水池が、メディシス水道の終着地で、ここに最後の点検口 No.27 があります。

　1860 年、No22 点検口から下流のルートが変更され、行先は泉の館より 1300m 手前のモンスリー貯水池に変りました。このときペンストック（水圧管）が使われたと記述されています。資⑪

1.2.3　デュイス水道

　1865 年に稼働したデュイス水道は、パリの西南西 85km の小さな流れ、デュイス川を水源とし、パリ市内西側のメニルモンタン貯水池まで全長 129km、流量 0.23m³/s の飲料水を運ぶ水道です。水路は高さ 2.2m、幅 1.8m の石造りです。水源と貯水池の水位の差は 20m で、0.15/1000 という極めてわずかな平均勾配しかありません。水路全長の大部分が埋設された状態で、わずかの勾配を保てる地形を探しつつ、くねくねとイルド・フランスの沃野（よくや）を横切っています。埋設された水路の上は環境保全のため、幅 10m の

図1-22　デュイス水道の点検口小屋と水路の上の遊歩路

敷地内は、建物も木も存在してはならない規則になっており、水路の上は草地に人の踏み跡だけの遊歩路となっていて、ハイカーやサイクリストに利用されています。

　メディシス水道と同じように、ルート上のところどころに点検口小屋が設けられていますが、田園地帯だけあって、野趣のあるものになっています（図1-22）。また、ルート上に 100m 間隔で HP（Hectometric Point の略）という 1 里塚のような小さな低い石碑が立っており、目的地近くの最後の HP には、"DHUIS 1308" と刻まれています。資⑭

1.2.4　ヴァンヌ水道

　ナポレオン 3 世の治下（1852 ～ 1870 年）、オスマン男爵の要請によりオイゲン・ベルグランドが指揮して建設したヴァンヌ水道は、郊外からパリへ、流量 1.68 m³/s の飲料水を運ぶ全長 156km の水道で、1874 年に稼働しました。主要な水源はパリの北方、セーヌ河の支流であるヨンヌ川のそのまた支流のヴァンヌ川流域で、取水された飲料用水をパリ市内のモンスリー貯水池へ運びます。

（1）ルート：水源はパリを遠く離れた地であり、水道の上流、中流は田園、丘陵地帯で、多くの谷や川を渡ります。送水手段が、重力流の部分の配管は、口径 2.1m のコンクリート管、ポンプで強制的に流す部分の配管（内圧を持つ）は、口径 1.1m の鋳鉄管 2 本を採用しています。鋳鉄管が野を走るパイプラインの写真には、継手部にボルト、ナット類が見られないことから、継手方式は押し込み式（push type）か、ベル＆スピゴット（印ろう継手、図 5-12 参照）

図1-23　低い陸橋をゆくヴァンヌ水道の鋳鉄管

25

と推定されます。また、小さな川を横断するところでは錬鉄の板を円筒状に曲げ、周・長手継手ともにリベット継手の管も見られます。（図1-24）。

　図1-25は、ヴァンヌ水道の中流域で、水道がヨンヌ川を渡る4kmほど上流の景です。右方が上流で、なだらかに下ってくる平原を水道が一定勾配を保つため、橋脚が高くなりつつあるのが分かります。この地点から下流、ヨンヌ川を渡り終えるあたりまでの4kmほどは低地が続いているようです。図の右手の橋脚の上は管ではなく、開水路と考えられます（ヴァンヌ水道では

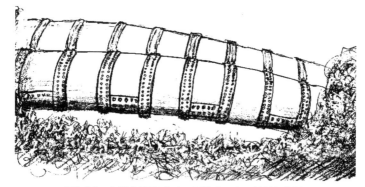

図1-24　小川を渡るリベット継手による錬鉄板製管

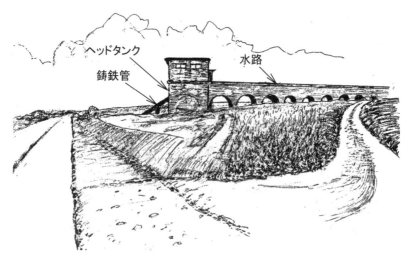

図1-25　ヴァンヌ水道中流域、逆サイホンの入口

地上を走る管はふたがされていませんが、航空写真からこの陸橋の上はふたがしてあるので）。

　幅4kmの低地を陸橋で渡そうとすると、橋の建設コストが高くなるので、ここから圧力配管による逆サイホンを採用したと考えられます。図1-25の石の建物内にはヘッドタンクがあると推定されます。その水槽から左へ45°斜め下へ向かって鋳鉄管が2本出て、地下へと潜っています。鋳鉄管のサイズは口径1.1mと考えられます。逆サイホン部はしばらく地表近くの地下を走り、地形の関係で途中から地上に現れ、低い陸橋を行き、ヨンヌ川を高い橋脚で渡り、その直後ふたたび地上から見えなくなります（図1-26）。

（2）**ポンプステーション**：ヴァンヌ水道の最上流に近いシジ―という村の上空でグーグル・マップの航空写真を拡大していくと、聖エボンという教会（Paroisse de Saint Ebbon）の近くに川をまたいだ屋根の建物に気づきます。川はヴァンヌ川で、その瀟洒（しょうしゃ）な建物はヴァンヌ水道のポンプステーションです。幅4～5mの川はポンプ場の入口で川幅を狭められ、流速を上げて、屋根の下に設置されたストリーム水車を回します。ストリーム水車は回転体の周辺に多数のパドル（短く幅広の板：水かき）を植えこんだ水平軸の水車で、水に浸かった下部のパドルを流れが押して、水車を回転させます。水車は通過する川水を逃さぬように、水路幅いっぱいに作られています。観覧車を思わせる大きな歯車と小さな歯車の組み合わせによる増速機で増速された回転は、クランクピンとコネクティングロッド（蒸気機関車のクランク機構と同じ）で、ピストン運動に変えられ、2台の往復動ポンプの4つのシリンダから圧力水を交番的に送り出します。図1-27。ヴァンヌ水道

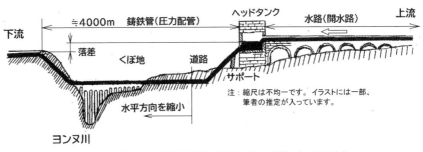

図1-26　ヴァンヌ水道中流域の逆サイホン配管（イラスト）

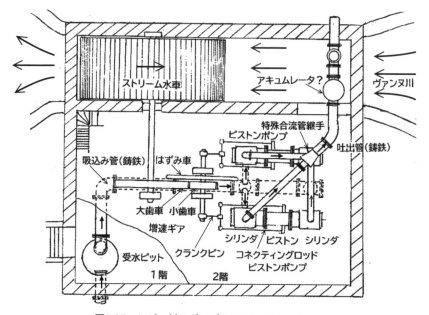

図1-27　シジー村のポンプステーション　資⑯より作図

の稼働よりおよそ90年前の「マルリーの機械」（第4章参照）と比べると、クランク機構やポンプに各段の進歩が見られます。

　1978年当時の記事によると、その年の数年前、古い機械を電動機駆動のポンプに置き換える検討がなされましたが、現状は満足な働きをしており、経済的見地から古い機械を維持していくことが決まり、保安要員は情熱をもって機械の保守を行っていると書かれていました。それから半世紀あまり経った今日、水車駆動のポンプはなお活躍しているでしょうか。

　なお、このポンプステーションの配管口径はそれほど大きくないので、ヴァンヌ水道の水量の一部をここで担っていると考えられます。資⑬、⑯

1.3　江戸時代の辰巳用水・玉川上水

　日本最古の上水道と考えられているものに、北条氏康（1515 ～ 1571）が小田原を支配した頃に、小田原城下に早川の水を引き入れて飲料水とした小田原用水というのがありますが、それは別として、中世の日本には四大用水路と呼ばれるものがあります。その中の、本章で取り上げていない2本の用

水路を最初に簡単に紹介しておきます。

　五郎兵衛用水は、長野県佐久市の新田開発のため、市川五郎兵衛が 1626 年から 1631 年までかけて完成させました。水源である蓼科山の源流から、総延長 22km、山地は山腹に沿って、掘貫と呼ばれるトンネルなどで下り、横切る川は橋に掛樋と呼ぶ木製水路を載せて渡し、低地では高度を維持するため、土を盛り上げて土手のようなもの（築堰と呼ばれました）を作り、その上に水路を通しました。農業用水の他に、飲料、防火用水として使われましたが、昭和 30 年代後半から約 10 年をかけて大改修工事が行われ、今では佐久市だけでなく、東御市、小諸市にも水を送っています。

　箱根用水（深良用水ともいう）は、芦ノ湖の水を灌漑用水として箱根外輪山外側の静岡県側裾野まで運ぶため、1666 年に工事を開始し 1670 年に完成した、芦ノ湖水門から外輪山の下を穿った 1780m の隧道による用水です。灌漑用水の他に、生活用水、防火用水として現在も使われています。

1.3.1　辰巳用水

　1631 年、金沢に大火があり、それを教訓に三代加賀藩主、前田利常は金沢城下町の防火用水と上水、そして金沢城の空堀に水を入れるため、犀川より水を引く工事を小松の町人、板屋兵四郎に命じました。上流 4km の隧道を含む総延長約 11km の工事でしたが、工事期間は 1 年足らずの 1632 年に完成させました。明治中期になると、農業用水として水田 100 ヘクタールを潤したとされています。

　隧道の下流の水路は水面のある暗渠、開渠を繰り返して、兼六園の曲水を経て霞ケ池に入ります。霞ケ池からくぼ地を経由して金沢城までの送水は、

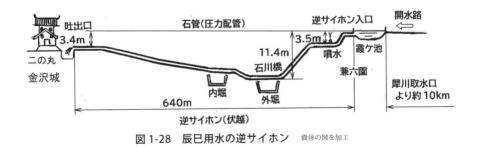

図 1-28　辰巳用水の逆サイホン　資⑱の図を加工

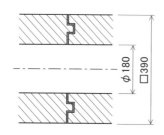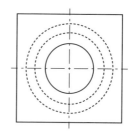

図 1-29　辰巳用水の石管のサイズと簽合部　資料⑲

図 1-28 のように、伏越（ふせこし）と呼んだ逆サイホンを採用しています。霞ケ池水位と最も低いくぼ地の位置（石川橋のあたり）との高度差は 11.4m で、0.1MPa 強の内圧がかかり、伏越の区間は、当初は松の木管が使われましたが、1843年以降、石管に逐次取り換えられました。石は金谷石という緑色凝灰岩で、軟らかく加工しやすく、弾力に富みます。石管のサイズは一辺 390mm の正方形の中央に直径 180mm の孔を穿った長さ 1m ほどのもので、地表から深さ 50cm 程のところにこれを繋ぎ合わせて埋設しました。管と管の接合部は古代ローマ水道と同じく、はめ込み型（図 1-29）となっており、両者の接合には松脂、石灰、檜皮、硫黄、鉛粒などが使われました。この逆サイホン部は現在元の状態をとどめていませんが、石川県立歴史博物館前庭および館内、兼六園付近の神社、そして金沢城内でその痕跡を見ることができます。資⑰、⑱、⑲

1.3.2　玉川上水

　徳川家康が 1590 年江戸に幕府を開き、江戸の人口が増えると、多くの水が必要になりました。最初に作られたのが井之頭を水源とする神田上水で、完成は 1629 年ごろと言われています。

　さらに人口が増え、水不足解消のため計画されたのが多摩川から水を引く玉川上水です。幕府から 6000 両（現在の 8 億円相当）で工事を請け負ったのは玉川庄右衛門、清右衛門の兄弟（上水完成後、姓を賜ったという）、設計は川越藩士、安松金右衛門と言われています。水を流すには高低差が必要のため、多摩川上流の羽村に取水口を設け、用水は羽村から武蔵野台地の高いところを選びながら下り勾配で溝を掘り、江戸の四谷大木戸まで 43km に及びました。この間の高低差 92m、平均勾配 500 分の 1 です。工事開始 1 年

半後の 1654 年に完成しました。

　四谷大木戸まで川のように流れてきた水は、ここから道路下などに埋めた石樋（せき）、木樋（ひ）（もくひ）と呼ばれる管の中を通りました。四谷大木戸から四谷見附までの石樋は幅 1.2m、高さ 1.5m もある大きなものでした。この石樋を作るには、たくさんの石工が石をかち割り、斫（はつ）って数か月かかりました。四谷見附から先は主に木樋で、江戸城に入るものと武家屋敷や町中に行くものと二手に分かれました。木樋の材料は硬い檜や松が使われ、木樋の断面は正方形で手斧やのみで凹形にくりぬいた後、天板を打ち付けたものと、4 枚の板を組んだものがあります。木材を結合する合わせ面は、水が漏れないよう、檜の皮などを柔らかく解（ほぐ）したものをしっかり詰めた後、長い「ふな釘」でしっかり固定しました。

　町中には随所に水を溜める「ためます」という大きな樽状のものが埋設され、木樋や竹樋で配水しました。ためますから竿釣瓶（さおつるべ）で水をくみ出し、桶（おけ）に入れて天秤（てんびん）などで家に運びました。図 1-30、図 1-31。

　記録によると、玉川上水の江戸の石樋や木樋の総延長は 85km におよび、江戸の町中に網の目のようにはりめぐらされていました。

　近世の日本の上水道は全て土を溝状に掘っただけものが主体で、工事期間

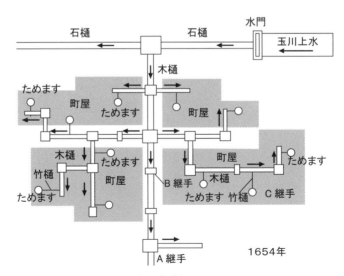

図 1-30　江戸町中の水道網その 1　資⑳、㉓より作図

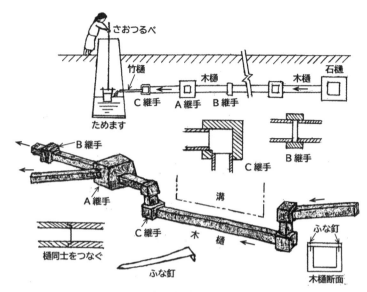

図 1-31　江戸町中の水道網その 2　資㉒、㉓より作図

もヨーロッパの石造りの水道に比べ驚くほど短期間で完成したようです。

　また、水番所という監視小屋がところどころに設けられていたようですが、水路にふたをすることもなく、おおらかなものでした。資㉒、㉓

1.4　横浜に日本初の近代水道

　日本最初の近代水道となった横浜の水道は、19 世紀前半に水道用管を木管から鋳鉄管へ置換することを進めていた英国から、19 世紀後半に水道技師を招き達成されたものです。

　横浜は、1859 年の開港時、戸数わずか 100 戸ほどの一寒村でしたが、人口は日に日に増加し、市街は急激に発展しました。当時の住民は水を求めて井戸を掘りましたが、横浜は海を埋め立てて拡張してきたため、井戸水は塩分を含んでいて二つの井戸を除き飲み水に適せず、近郊から水売り商人がきて、水を売り歩いている状態でした。1873 年に木樋の水道が試みられましたが、腐食や漏洩で軌道に乗せることができませんでした。神奈川県知事は英国人技師ヘンリー・スペンサー・パーマーを顧問に迎え、水道の調査と設計を依頼、パーマーは相模川と多摩川を水源とする二つの案を提示しました。

1885年（明治18年）に相模川と道志川の合流地点の三井村（現在の相模原市緑区三井）を水源とする水道建設に着手、2年後の1887年（明治20年）に日本初の延長44kmの近代水道が完成し、横浜市民に飲料水の給水を開始しました。

　この近代水道は、取水口近くのポンプステーションに設置したウオーシントン社製渦巻きポンプで昇圧した圧力水を鋳鉄管などの鉄管により、水をろ過する浄水場を通して市街まで運び、市民に飲料水を給水するものです。

　給水開始時、水道は神奈川県によって運営されていました。1889年（明治22年）の市制施行により横浜市が誕生、翌1890年（明治23年）には日本初の、水道に関する法律、水道条例が制定されました。これに伴い、水道事業は市町村が経営することとなり、同年から横浜市市営として運営されるようになりました。横浜市の人口が1890年（明治23年）、120,000人に増加したことへの対応と、ポンプの運転費用節減のため、もっと高いところに取水口を移し、重力流で送水するために、1897年（明治30年）に取水地点を道志川の青山へ移し、1898年（明治31年）から1901年（明治34年）まで第1回拡張工事を行い、川井浄水場を築造しました。

　その後のさらなる人口の増加と、日露戦争を契機に工業用水需要の急増により、第2回拡張工事で、西谷浄水場が1915年（大正4年）に完成しました。

　関東大震災、そして太平洋戦争の空襲と、水道設備は甚大な被害を受け、かつ給水人口も激減しましたが、戦後の人口増加と洗濯機、自家用風呂、水洗便所の急速な普及と相まって、水需要が急増し、数次にわたる拡張工事が行われました。その中に、水源としての相模ダム（1947年）と鶴ケ峰浄水場の建設があります。相模湖からいくつかの隧道を経て、川井浄水場の接合井^注につながり、川井浄水場から西谷浄水場に送る水路は、当初、口径1350mmの鋳鉄管を使用する計画でしたが、工事費の削減を図るため高さ2.4m、幅2.2mの開水路方式に変更されました。そのルートは、川井浄水場の接合井から3つの多摩丘陵の尾根道をつなぎ、鶴ケ峰に進むもので、丘陵の間には長さ306mの大貫谷戸水路橋（図1-32）の他に、梅田谷戸、鶴ケ峰に水路橋をかけ、鶴ケ峰の接合井に進み、丘陵を下り西谷浄水場の着水井へとつなげたようです。この間およそ7km、100mで6cm（6/10000）の下り勾配で自然流下（重

注：管路の水圧を調節するための井戸で、管路の途中や浄水場に設ける。

図1-32　大貫谷戸水路橋

力流）しますが、流速は人の歩く速度ほどということです（流量 48 万 m³/ 日）。

　横浜市水道は、さらに 2001 年、宮ケ瀬ダムの水が水源として稼働に入っています。

　横浜以外の近代水道は、横浜に次いで 1889 年に函館、1890 年に秦野（神奈川県）、1891 年に長崎と整備され、1904 年の日露戦争前までに、大阪市、根室町、広島市、東京市、神戸市が整備されます。東京は、明治を迎えても水道は依然として江戸時代のままでしたが、1888 年（明治 21 年）、近代水道創設に向けて具体的な調査設計が開始され、1898 年（明治 31 年）に神田・日本橋方面に通水したのを皮切りに、順次区域を拡大し、1911 年（明治 44 年）に全面的に完成しています。資㉑. ㉒

第 1 章 出典・引用資料

① 今井 宏：古代のローマ水道 原書房 (1987) -1:15 頁、-2:17 頁、-3:48 頁
　-4: 第三編「ローマ市の水道書」63 頁
② Roman Monographs Aqueducts
　http://roma.andreapollett.com/S3/section3.htm
③ ローマ水道 Wikipedia
　https://ja.wikipedia.org/wiki/%E3%83%AD%E3%83%BC%E3%83%9E%E6%B0%B4
　%E9%81%93
④ Aqueduct of Segovia　Wikipedia

https://en.wikipedia.org/wiki/Aqueduct_of_Segovia
⑤ Aqua Annio Novus- khs11 ancient history task 3 2015
http://khs11cityofrome.weebly.com/aqua-annio-novus.html
⑥ How were the Walls of Roman Building Constructed
https://www.archdaily.com/935423/how-were-the-walls-of-roman-buildings-c
onstructed?ad_medium=gallery
⑦ Paul Kessener、他　The pressure line of the Aspendos Aqueduct
https://www.academia.e u/7414972/The_pressure_line_of_the_Aspendos_
Aqueduct
⑧ Acre（Akko）Aqueduct　https://www.biblewalks.com/acreaqueduct
⑨ Aqueducs des chemins pour l'eau
http://eaudeparis-front1.smile-hosting.fr/uploads/tx_edpevents/Memodo-
AqueducBD.pdf
⑩ L'aqueduc de Ceinture-Les colunns perdves-Paris-bise-art
http://paris-bise-art.blogspot.com/2014/07/laqueduc-de-ceinture-les-colonnes.
html
⑪ Aqueduc Medicis Wikipedia
https://fr.wikipedia.org/wiki/Aqueduc_M%C3%A9dicis
⑫ L'Aqueduc " Medicis" Les sources de Rungis
http://ruedeslumieres.morkitu.org/apprendre/medicis/source/index_source.html
⑬ Aqueduc Medicis arcueil cahcan rungis I'hay-ies-roses
http://ruedeslumieres.morkitu.org/apprendre/medicis/index.html
⑭ Aqueduc de la Dhuis-Wikipedia　https://fr.wikipedia.org/wiki/Aqueduc_de_la_
Dhuis
⑮ Aqueducs de la Vanne et du Loing-Wikipedia
https://fr.wikipedia.org/wiki/Aqueducs_de_la_Vanne_et_du_Loing
⑯ L'aqueduc de la Vanne　　http://champigny.89.free.fr/Vanne.htm
⑰辰巳用水 Wikipedia
https://ja.wikipedia.org/wiki/%E8%BE%B0%E5%B7%B3%E7%94%A8%E6%B0%B4
⑱中川武夫ら：（19）英国工学者からみた辰巳用水　環境システム研究　Vol.19
　1991年8月
⑲西野悠司：金沢と江戸の石管・木樋、配管技術研究協会誌　1999年夏季号
⑳西野悠司：とことんやさしい配管の本　日刊工業新聞社（2013）15頁
㉑横浜水道のあゆみ（概要）　横浜市水道局
　https://www.city.yokohama.lg.jp/kurashi/sumai-kurashi/suido- gesui/suido/
rekishi/ayumi.html
㉒横浜水道 130 年史　横浜市水道局
　https://www.city.yokohama.lg.jp/kurashi/sumai-kurashi/suido- gesui/suido/
rekishi/130nenshi.html
㉓東京都水道歴史館収蔵資料
㉔C.J. シンガーら、平田 寛ら訳：技術の歴史 第4巻 筑摩書房（1978）585頁

第2章　下水道の歴史

クロアカ・マキシマ排水口

資⑤より作図

旧パリ市街の地下式排水路

資⑧

神田下水道

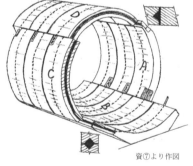

資⑦より作図

コンクリート・ブロック管

2.1　古代の下水道

2.1.1　古代ローマ以前の下水道

　もっとも古い下水道管に属するものとしては、メソポタミア人が4000BCごろ、シリア、パルミラのベル神殿の廃水を除去するために粘土製の下水管を使ったことがわかっています。

　粘土製管（土管）は3200BC以降、ヒッタイト（現在のトルコに位置した）の都ハントウシャ遺跡でも見つかっています。粘土管は、取り外して、交換や洗浄ができるメリットがあったと思われます。

　2400BCごろ栄えた、エジプト、アブシールにあるサフラー王のピラミッドとピラミッドと一体化した神殿の遺跡では、銅管による排水網の跡が発見されています。資①

2.1.2　古代ローマのクロアカ・マキシマ（Cloaca Maxima）

　古代ローマのクロアカ・マキシマは、伝承によると600BCごろ、王制ローマの王、タルクィニウス・プリスクスの命により建設された下水道で、ローマ近くの三つの丘の水源から水を集め、旧ローマ市街を縦断し、廃水をテベレ川に排出しました。

　第1章で述べたように、1世紀にはローマ市に11の水道があり、公衆浴場や噴水、公的建物、個人宅に配水され、それは多量の廃水となったので、下水道の整備は不可欠でした。11本の水道に対し、下水道の幹線はクロアカ・マキシマ1本だけで、その名は「最大の下水」を意味します。

　最初は、その上流部分は開渠（水面が地上に現れている）だったと考えられていますが、都市の建築スペースが少なくなるにつれ、暗渠（水面が地下）にして、上に建物が建設されていったと考えられます。勾配をつけて重力流とするため、下流は埋設水路となり、次第に深くなっていきます（図2-1 A図）。上水道はローマ市内において、水道橋の遺構が人々の注目を集めますが、下水道はその機能上、すべてが地下にあるため、人目にはほとんどつかず、上水道に比べ地味で見落とされがちですが、下水道あっての上水道です。

　数少ない目に見える下水道の遺構が、クロアカ・マキシマのテベレ川への排水口で、パラティーノ橋の麓に見ることができます（図2-1 B図）。現在で

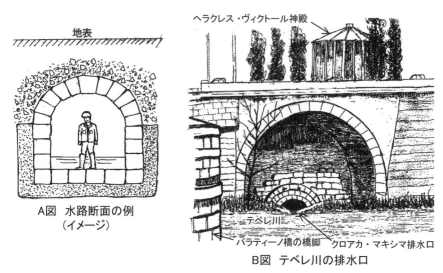

A図　水路断面の例
（イメージ）

B図　テベレ川の排水口

図2-1　クロアカ・マキシマの排水路

も廃水が流れています。排水口のすぐ近くのテベレ川の川中には、1598年の洪水で壊されたポンテ・ロット（「壊された橋」という意味）の遺跡が置き去りにされたかのように残されています。資②

2.2　近世の下水道

2.2.1　パリの回廊式下水道

　下水道においても、中世は暗黒の時代であり、古代ローマの時代にくらべて、その文明度は進歩どころか、むしろ後退してしまいました。

　パリでは、本格的な下水道が建設される19世紀以前の平均寿命は三十歳代であったといいます。パリの人は汚水をドアの外にぶちまけ、汚水はそのまま、飲料水を取水しているセーヌ川に流れ込みました。街路の汚水と不潔な飲み水とは、チフスやコレラを蔓延させ、多数の病人と死者を発生させました。

　1200年ごろ、フランス王、フィリップ2世はパリの石畳の道の中央に凹みをつけて、廃水はそこを通して排水するようにし（図2-2）、最後はセーヌ川へ流し込みましたが、問題の解決にはなりませんでした。

図2-2　石畳中央の排水路 資⑤より作図

図2-3　地下式排水路 資⑤より作図

1359 年、パリでまたコレラが大流行します。

シャルル 5 世治下の 1370 年ごろ、行政官ユーグ・オブリオは、モンマルトル通りの汚水を集め、メニルモンタン川の河床を利用した排水路に繋げる石造りの下水路を道路中央部の地下に設けましたが、道路面にふたがなく、暗渠ではありませんでした（図 2-3）。

ルイ 14 世の治下（1643 ～ 1715）の 1667 年に作られた約 10km の下水道の、暗渠部分は 2km しかありませんでしたが、その後、暗渠が増えていきます。

地下の闇の中で迷宮のようになった下水道は、ビクトル・ユーゴーの名作、レ ミゼラブル（1862 年発行）の中につぶさに描写されています。資⑫

パリ下水道の画期的変革は皇帝ナポレオン三世の時代に行われました。皇帝は 1850 年、セーヌ県長官であったオスマン男爵とウジェーヌ・ベルグラン技師に、巨大な地下回廊式下水道の建設を命じました。回廊の大きさは、幹線用、支線用といろいろありましたが、幹線用は例えば、回廊部の幅 5.6m、空間高さ 4m、水路幅 3.5m、水路深さ 1.35m、石壁の厚さ 0.5m、という大きなものでした（図 2-4）。この大きさは、大雨のとき、雨水を下水に逃がして洪水を防ぐ役目も持たせるためのようです。回廊には、下水道を保守するための人が通行できる側道、機械を使って水路内部の掃除をする、巨大なボール（図 2-6 A 図）や清掃設備のあるボート（図 2-6 B 図）などを備え、飲み

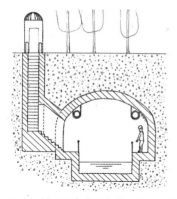

図2-4　地下回廊式下水道 資⑤より作図

図2-5^注　下水道博物館入口 （編著者スケッチ）

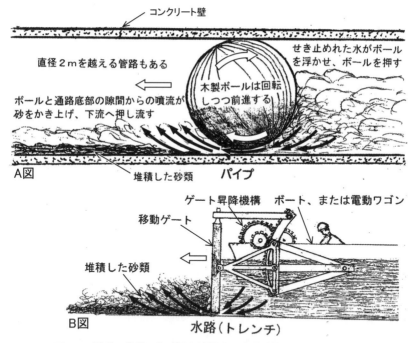

図2-6　流路に堆積した砂類を清掃する浚渫用装置 資⑤を参考に作図

水用と非飲み水用の鋳鉄製給水管を併設する画期的なものでした。

　最初、3つの幹線下水道が建設され、それらはコンコルド広場の下で集結し、

注：図は2015年当時のもの。現在は新しい建物となっている。

ろ過設備で浄化された後、セーヌ川のパリ市下流で放流されました。

　現在では、下水トンネル網は総延長2000kmに及び、トンネル内に電話ケーブル、交通用信号ケーブルなどが設置されています。 資④

　エッフェル塔からほど近いセーヌ河畔に、交番のような小さな建物（図2-5）がポツンと立ち（2015年当時）、その脇から薄暗い階段が地下へ下りています。ここが今も現役の回廊式下水道を見ることのできる下水道博物館の入口です。中は下水の匂いに溢れ、実物の下水道の回廊を歩きながら、パリ下水道の歴史と、下水道の、アイデアに富んだ様々な浚渫用機器の展示を見ることができます。

　図2-6 A図の浚渫用ボールは木製で、管径より少し小さく出来ています。大きなものは直径2mを超えるものもあります。パイプの底に堆積した砂の手前（上流）にボールが置かれ、上流から水を流した場合、ボールは下流の砂の堆積に阻まれ、管壁とボールの隙間から下流へ逃げる水より上流から来る水の方が多いので、ボール上流の水位が上がってきます。水位の上昇とともに、ボールは浮き上がり気味となり、管底部の隙間から奔出する水の勢いが強くなり、ボール直前にある砂を水流とともに下流へ押し流します。ボール直前の砂が洗い流された分だけボールは下流へ進み、次の砂を押し流します。ボールの動きはゆっくりですが、連続的に下流へ向かって、砂を除去してゆきます。

　図2-6 B図は、矩形断面の水路の底に堆積した砂を浚渫するゲートを、電動ワゴンあるいはボートに取り付けて、水路を移動する装置で、水底とゲートの隙間は適切な量に調節することができます。 資⑤　浚渫の原理はボールの場合と同じです。

2.2.2　英国式レンガ積み卵形下水管

　1846年にイギリス人のジョン・フィリップが卵形下水道管を考案し、1850年代以降、ロンドンで卵形が下水道の最も優れた断面形状に選ばれ、採用されました。英国式卵形下水管と呼ばれます。この形状はその後、パリ、米国、そして日本でも横浜の関内、東京の神田下水などで使われました。その利点は、非常に低流量のときの流速が、円形断面に比べ早くなり、ごみを流しやすいこと、敷設の際の掘削体積が少ないこと、また土圧に対して強いこと、と言

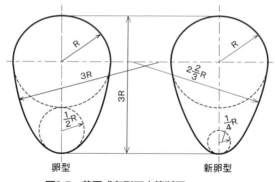

図2-7　英国式卵形下水管断面 資⑥より作図

われています。形状は、上下に離れた大小二つの円とこの二つの円を包接す
る大きな円弧の一部から成り、標準型と新型とがあります（図 2-7）。先がと
がったように見える新型の方が低流量時の流速が、より速くなります。資⑥

2.3　近代の下水道

2.3.1　米国におけるコンクリート管分割ブロック工法

　20 世紀に入ると技術の進歩のスピードがめざましくなり、新しい技術が半
世紀を待たずに、後進の技術にとって変えられるようなことが起こるように
なります。レンガを一つずつ水路の形に組み上げてゆく古代から続いてきた
方式に対し、1900 年代初めに米国で大径（内径 900mm ～ 2700mm）のコ
ンクリート管を円周上で幾つかに分割（segment）した、ブロック状のもの
を工場で製作し、それらを現場に運び、現場でそれらを管に組み立てる工法
が下水道管に使われるようになりました。

　この方式の初期のものとしては、流体と接する内層は滑らかな陶製、外層
は強度メンバとしてコンクリート製という 2 層構造のものや、すべてコンク
リート製のもの、また "Parmley System" と呼ばれた鉄筋の入ったもの（図
2-8）がありました。2 層のものは一体化するのにタングアンドグルーブ（凸
と凹）を使い、時にはその間にモルタルを入れて接合しました。後には、工
場で二層を一体化することも行われました。かなり重くはなりましたが、工
事のスピードは上がりました。このコンクリート管分割工法は、結局、下水

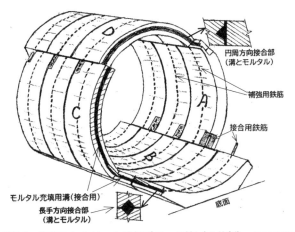

図2-8　鉄筋コンクリート分割ブロック管（4分割） 資⑦より作図

道の歴史において、古代から近代まで行われてきた労働集約的な作業方法と
大幅に省力化されたプレキャストコンクリート管の時代をつなぐ、短い橋渡
しの役を果たしたことになります。資⑦　すなわち、1930 年台に入ると、ヒュー
ム管と呼ばれるプレキャストコンクリート管が工場で大量生産され、鉄道な
どの輸送手段も確保されるようになり、分割組立て工法は衰退します。

2.3.2　日本最初の近代的下水道

　明治政府が招聘した英国人土木技師 R.H. ブラントン（日本の灯台 26 基を
設計、灯台の父と言われる）により 1870 年（明治 3 年）、横浜関内の外国
人居留地全域に外国人用の下水管として陶管 を埋設したのが日本の近代的下
水道の始まりです。1880 年（明治 13 年）には居留地人口が 4 倍近くに増え
たため、陶管では容量不足となり、神奈川県は改修工事の調査・計画立案に
取り掛かり、御用掛三田善太郎がその設計を行いました。三田は陶管に換え、
レンガとモルタル製の英国式卵形（2.2.2 項参照）の下水管を採用し、勾配は
1/200 としました。口径の異なる 3 種の導管をそれぞれ大下水、中下水、小
下水とし、幹線部分に使いました。工事は 1881 年（明治 14 年）から 1887
年（明治 20 年）にわたり行われ、卵形管約 4km、陶管 2.6km が敷設されま
した。

　一方、東京では、1882 年（明治 15 年）、コレラが猛威を振るい、死者が

写真2-1　現役の神田下水道 資⑧

5000人を越え、明治政府は1883年（明治16年）、東京府に対し下水道の整備を促す「水道溝渠等改良ノ儀」を示しました。東京府は 神田駅周辺の下水道を明治政府が招聘したオランダ人技師ヨハネス・デ・レーケの指導を受け、内務省の技師であった石黒五十二が設計し、1884年（明治18年）に工事を行いました。英国式卵形下水道（写真2-1）を採用し、レンガ積みで横幅が610〜910mm、高さが910〜1360mmの内断面のもので、長さは614mです。さらに、翌年にかけて延長約4kmの下水道が敷設されました。資⑬

　現在でも使われている最初の614mの区間は1994年（平成6年）、東京都の文化財（文化財登録名は「神田下水」）に指定されました。

2.3.3　現在の下水道導管はヒューム管

　現在、日本の下水道に使われている下水道管の代表的なものは、鉄筋コンクリート管、硬質塩化ビニル管、ポリエチレン管、などです。

　コンクリートと鉄のハイブリッド管は、農業国、オーストラリアのW.R.ヒュームによって1910年に発明され、ヒューム管の名で世界中に普及しました。

　ヒューム管は、鉄筋を筒状の籠のように編んだものを埋め込んだコンクリート管（図2-9）ですが、鋳型を高速で回転することによる遠心力で緻密なセメント層を作るところが特徴です。

　日本では、「手詰め管」と呼ばれた、型枠の中に鉄筋を入れ、コンクリート

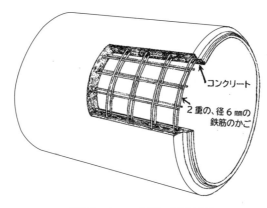

図2-9　ヒューム管 資⑩より作図

を打ち込んだ、強度の低い管が 1908 年（明治 41 年）から使われていました。

　ヒューム管の日本での特許権は 1921 年（大正 10 年）に得られました。日本では、この特許に抵触しない振動によってコンクリートを締め固める管が製造され、遠心力を利用するヒューム管と並存する時代が 1960 年代まで続きました。資⑨

　ヒューム管は外圧強度に強く、水に対し耐食性がある長所の反面、管内の表面粗さが塩化ビニル管より粗いため、同じ内径で流せる流量が塩ビ管より劣ります。このため、管そのものに高い強度が求められる推進工法や内径 1000mm を超える大径幹線水路に主に使用されます（管径が大きい程、表面粗さの影響は小さくなります）。日本では最大径 8.5m のものまであります。

　ヒューム管の製法は次のようになります。多数の直線ワイヤ（径 6mm）を筒状に、長手方向に渡し、その外側に、これらのワイヤと直交するワイヤを巻き付け、ワイヤの交点は自動溶接します。このようにして作られた、径の異なる二つの籠を組み合わせ、端部にジョイントとなる金具をセットし、型枠で覆います。高速で回転する型枠の中にコンクリートを 3 回に分けて注入します。コンクリートは遠心力により、均一な厚さに、そして緻密な層になります。内表面は回転中にブラシをあてて仕上げを行い、滑らかにします。その後、釜に入れて、一晩蒸気で加熱し、その後、屋外に 2 週間以上置き、湿気を吸わせて完成します。資⑩

　現在の日本の下水道の仕組みを図 2-10 に示します。資⑪

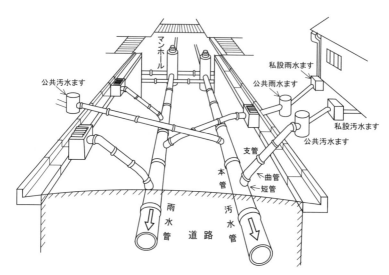

図2-10　　　現在の日本の下水道　資⑪

第２章 出典・引用資料

① History of Water Supply and Sanitary Wikipedia
　https://en.wikipedia.org/wiki/History_of_water_supply_and_
　sanitation#:~:text=Prehis tory%5Bedit%5D,pipe.%5Bcitation%20needed%5D
②クロアカ・マキシマ Wikipedia
　https://ja.wikipedia.org/wiki/%E3%82%AF%E3%83%AD%E3%82%A2%E3%82%AB%
　E3%83%BB%E3%83%9E%E3%82%AD%E3%82%B7%E3%83%9E
③ Projecting and Building the CLOAKA MAXIMA-Academia.edu
④ Paris sewers-Wikipedia　　https://en.wikipedia.org/wiki/Paris_sewers
⑤ Paris Sewers Museum 展示資料
　https://en.wikipedia.org/wiki/Paris_Sewer_Museum
⑥ The History of Sanitary Sewers　　　Pipe-Oval/Egg-shaped
⑦ Walter C.Parmley Men.Am.Soc.C.E.：Parmley System of Arch Construction
　Catalogue E（1926）　　11 頁
⑧写真提供　東京下水道局
⑨高堂彰二：トコトンやさしい水道管の本、日刊工業新聞社　（2017）　14 頁
⑩ The Making（140）　下水道管ができるまで
　https://www.youtube.com/watch?v=cyXDyCz-tBk
⑪西野悠司：トコトンやさしい配管の本、日刊工業新聞社　（2013）　29 頁
⑫大森弘喜：19 世紀パリの水まわりの事情と衛生、成城・経済研究 第 196 号（2012 年
　3 月）
⑬神田下水　建設コンサルタンツ協会
　https://www.jcca.or.jp/dobokuisan/japan/kanto/kanda.html

第3章　パイプラインの歴史

ビッグインチと小ビッグインチ　資⑧より作図

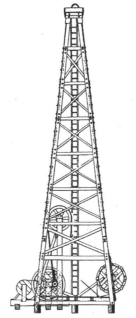

エドウィン・ドレーク　資④より作成

成田空港の燃料油パイプライン　資⑫

1880年頃の石油井戸
掘削用リグ　資⑰

3.1　ガス輸送から始まったパイプライン

　石油やガスなどを遠いところまで送る大規模なパイプを「パイプライン」といいます。パイプラインには、およそ200年の歴史があります。

　パイプラインはガスの輸送から始まりました。それは、石炭からガスを作る技術や天然ガスの商業的採取が、石油の商業的採取に先んじたことによります。

　英国では、1812年、石炭を蒸し焼きにしてできる石炭ガスをロンドンに供給する最初の会社、Gas Light and Coke Companyができました。これが英国のみならず、世界で最初にガスを供給する事業となりました。[資①]

　米国では1825年、ウィリアーム・ハートがニューヨーク州フレドニア近郊で米国最初の商業用天然ガス井を稼働させ、天然ガスを鉛管でフレドニアの商店や工場に送るサービスを始めました。1828年には丸太をくり抜いた管で天然ガスを輸送し、エリー湖のバルセロナ灯台に明かりを灯しました。[資②]

　カナダでは、カナダ最初のパイプラインが1853年、天然ガスをケベック州のトロワ・リヴィエールへ輸送しました。距離は25kmで、鋳鉄管でした。これは当時、世界で最も長いパイプラインでした。[資③]

3.2　ドレーク油田と油井掘削パイプ

　ドレーク油田とドレーク大佐のことは米国では小学校の歴史教室にも出てくるので、みんなが知っています。

　1858年、かつて鉄道員であったエドウィン・ドレークはセネカ石油会社に雇われ、油層を探るためペンシルバニア州、タイタスビルのオイルクリークに派遣されます。ドレークの雇い主はタイタスビルで、ドレークを威勢よく見せるため「彼はドレーク大佐である」と紹介しました。ニューヘブン鉄道の鉄道員であったドレークが油田探査に派遣されたのは、汽車にただで乗れるからだったとも言われています。

　当時の油を集める方法は、オイルシープ（油が沁みだす窪地）や浅い穴から地上に沁みだす油を集めるという、成り行きまかせのものでした。

　彼は塩井[注]にヒントを得て、職人を集め、油井を掘るやぐら（リグという）を立ち上げ、ボーリング機械を組み立てました。住民たちはドレークの試み

注：地下に堆積している塩の層へ水を送り、水に溶けた塩を管で引きだすための井戸。

を「ドレークの愚行」と呼びました。

　掘り始めた深さ5mのところで、掘削孔の壁が地下水で崩れ始めました。彼が井戸を掘削するドライブパイプ（土崩れを防ぐための管）のアイデアを工夫したのはこの時です。長さ3mの鋳鉄管をつないで掘削を続け、地下10mで岩盤にぶつかりました。ボーリング用鋳鉄管の下にドリル工具をつけ、蒸気を使いながら掘削する工夫をして、岩盤の掘削を続けました、掘削速度は遅く、1日に90cmほどでした。1859年に資金が尽きてしまいましたが、借金をしてなおも堀り続けました。1859年8月27日までドレークは持ちこたえ、ドリルは深さ21mまで達し、そこでドリル先端が狭い岩の割れ目にぶつかりました。翌朝、穴の底に光っている液体がたまっているのが見えました。手こぎの井戸ポンプで液体を地上まで押し上げ、バスタブ（浴槽）に集めてみると、これこそ待ちに待った、当時「ロック・オイル」とも呼ばれた石油でした。

　ドレークは、ドリルが深い所を掘削中にも、掘削孔の崩壊が起きないように、パイプを使って掘削しました。ドレークは地上から地下の石油を取り出す新しい方法の開拓者として有名です。米国で最初に石油採掘用のやぐらを建て、パイプを使った井戸掘削の方法は、全ての石油会社の掘削に今なお採用されています[注]。

エドウィン・ドレーク

エンジンハウス（左）と油井やぐら（右）のレプリカ

図3-1　ドレークと油井博物館　資④、⑤より作図

注：ドレークの油井掘削設備には異説があり、上に吊した掘削工具を繰り返し落下させることで掘り進んだという説もあります。資⑨

　また、彼の発見した井戸は、アメリカ合衆国の最初の商業用石油井戸となり、ドレーク油田は歴史に残る油田となりました。ここから近代石油産業が誕生したと言うことができます。

　その後、ドリル用パイプには、錬鉄製板を巻き、長手継手部を重ね合せて鍛接するパイプが使われましたが、ドリルを駆動するには強度不足でした。

　1918年ごろ、継目無鋼管のドリルがテキサス州の油田で使用されたことが確認されています。それに先立ち、米国で油井用継目無鋼管の量産工場が稼働を始めています。

　油井から出た原油は、使用済みのウィスキー用の木の樽（英語でバレル[注]）に詰めて馬車で鉄道の駅まで運びました。馬車の御者は独占を欲しいままにし、石油1バレル運ぶのに多額の金を請求したということです。

　1865年、タイタスビル油田から最寄りの鉄道駅まで、8kmの木製のパイプラインが敷設されました。御者たちはこれに脅威を感じ、パイプラインに火をつけたので、木製パイプは短命に終わり、後に、錬鉄パイプに変更されました。

　鉄道輸送の際には、平坦な貨車に大きなタンクをとりつけて、石油を輸送しました。

　長距離の石油パイプラインは、次項で述べるように、鉄道会社の反対に会いながら1870年代に誕生します。資④

3.3　パイプライン VS 鉄道

　1870年にジョン D. ロックフェラーにより設立されたスタンダード・オイルは、広範囲にわたる鉄道網により石油の輸送事業を独占していました。この独占を回避するため、1878年、企画、技術、弁護士をそれぞれ担当する3人の男たちによって、長距離パイプラインを建設し、石油を遠隔の地に運ぶことを目的とした、タイドウォータパイプ社がペンシルバニア州、マッキン郡コリービルに設立されました。タイドウォータパイプラインという名前は、このパイプラインの終着地点が将来、東海岸のタイドウォータ海岸近くになるだろうと考えてつけられました。

　このパイプラインは、コリービルから同じ州のウィリアムスポートまで

注：石油の量の単位は今でもバレル（160リットル弱）が使われています。

175km の距離を、平地のほかに海抜 800m のアレゲニー山と幾つかの河を越えていく計画でした。計画は反対運動を避けるため秘密裡に行われ、ペンシルバニア州に幅の狭いパイプライン敷設用地を巧みに購入しました。

　タイドウォータパイプ社はパイプ製造に必要な設備を準備し、パイプライン用の口径 150mm、単長 5.5m、重さ 154kg の錬鉄管、5000 トン以上を生産しました。

　スタンダード・オイルとさまざまな鉄道会社がこのパイプライン建設の噂を聞きつけ、仕事を奪われることを恐れ、タイドウォータパイプ社が困難な状況に陥るように仕向けました。

　タイドウォータパイプ社は、石油が山岳地帯を越えるため、二つのポンプステーション、すなわち、コリービルに第 1 ステーションを、山岳部のライカミング郡に第 2 ステーションを設置することにしました。ライカミング郡に置くポンプは天然ガスで駆動するように計画し、ガス井戸からポンプ基地まで、6km の険しい山地を通過してパイプが敷設されました。しかし、実際に運転に入ると、ガスの圧力が長期間ポンプを駆動するには、充分ではありませんでした。そこで蒸気駆動のポンプに変更されました。

　ボイラを炊く石炭は森林鉄道でポンプステーションへ運び、また、蒸気を作る水を得るための井戸、給水ポンプ小屋、給水管と附属のバルブなどをポンプステーションの近くに設置しました。

　第 2 ポンプステーションが運転に入ってまもなく、激しい雷雨がこの地域

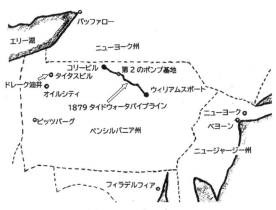

図3-2　タイドウオータ パイプライン　資⑥より作図

を通過し、雷がポンプの大きなはずみ車に落ちて、破壊してしまいました。新たに発注されたはずみ車は鉄道で、さらにその先を、隊を組んだ馬に牽かせた重量物運搬用の馬車で、第2ステーションまで運び上げました。

失敗という単語はタイドウォータパイプ社の辞書にはありませんでした。

パイプラインとポンプステーションが完成し、1879年5月28日、コリービルのバルブが開けられ、石油がウィリアムスポートに向かって流れ始めました。

石油は、時速約0.8kmで流れ、2日掛かって第2ポンプステーションに到着しました。そして、コリービルのバルブを開けてから1週間後の6月4日、石油はウィリアムスポートの受け入れタンクに流れこみ始めました。

ウィリアムスポートデイリー 新聞と同速報は次のようにその様子を書きました。「石油が、その先にある空気を押し出す音をたてた数日後[注1]、石油は到着した」、そして「石油は勢いよくパイプから出てきて、すぐに1時間250バレルの流量となった」と。

石油はウィリアムスポートのトーマスヒルの2基の30,000バレルの貯蔵タンクに貯留されました。レディング鉄道はトーマスヒルで石油をタンク貨車に積み込めるように600mの線路を敷設していました。

ウィリアムスポートからの石油の最初の出荷は、6月23日、鉄道でニュージャージー州ベヨーンの精油所へ運ばれました。出荷先は主にチェスターとニューヨークの製油所でしたが、地元の精油所で精製された油もありました。

タイドウォータパイプラインによりウィリアムスポートへは年間百万バレルを超える原油がポンプで送りこまれました。この結果、最初の1年間、エリー鉄道とペンシルバニア鉄道の収入は大きく落ち込みました。

一方、真冬の地表に据え付けられた口径150mmのパイプは、夏になって真上に近い太陽からの直射熱で、露出した黒いパイプが照りつけられると、予想外の伸びが起き、パイプラインの直線部分が座屈を起こし、ジグザグになりました。このトラブルは著しい損傷にはなりませんでしたが、パイプを地表に曝すことにより起こるさらなる問題を防ぐため、後に地下に埋設されました[注2]。

注1：実際は1週間後と思われます。
注2：近代の温帯、熱帯地方の長距離パイプラインは殆どが地下に埋設されるか、トンネル内に設置されています。

　1880 年までに、石油の過剰生産により、石油産業は原油の価格下落を経験しました。同時に樽の供給不足を引きおこし、木製の樽の費用が中身の石油の 2 倍もするようになりました。レディング鉄道自身にもトラブルがあり、このことから、タイドウォータパイプ社はニュージャージー州のベヨーンまでパイプラインを延伸することにしました。

　タイドウォータ社の原油を運ぶパイプラインの成功により、その後、原油、精油、天然ガスなどを運ぶパイプラインの建設が相次ぎました。

　タイドウォータパイプラインは、後年、光ファイバー電話回線を格納する用途に転用され、現在に至っています。資⑥

3.4　ビッグインチと小ビッグインチ

　第 2 次世界大戦が始まる 1939 年ごろには、石油が軍事戦略上最も重要な物資となっていました。米国は当時、世界最大の産油国でしたが、主要な油田は南西部のテキサス州にあり、石油を主に消費するのは、ニュージャー

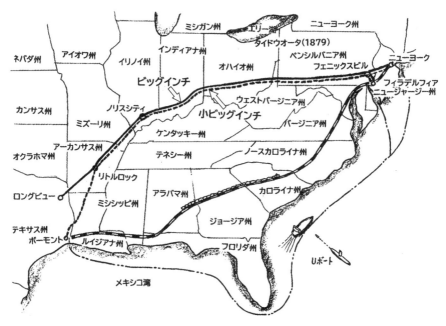

図3-3　ビッグインチ・小ビッグインチ（鉄路、航路は模式的）　資⑧より作図

ジー州やペンシルバニア州などの北東の地域でした。この間の陸上直線距離
は 2000km 以上ありました。第 2 次世界大戦までは、南西部から北東部への
油輸送は鉄道輸送の費用がかさんだため、コストの安価なオイルタンカー[注]が、
メキシコ湾を出て、東海岸沿岸を通って北東の港に達しました。当時、この
ような需要を満たすパイプラインは経済的に引き合わないため見送られ、存
在しませんでした。

　1940 年、当時の内務長官、ハロルド・イッケスは採算を度外視しても、
緊急事態にはパイプラインが必要だと力説しましたが、必要な鋼材が得られ
る見通しが立たず、実現しませんでした。その後も、国が資金を出し、建設、
運転は民間の石油企業コンソーシアムが行うという案が計画されましたが、
政府委員会の反対に会い、挫折しました。

　1941 年 12 月、米国が日独伊に参戦すると、ドイツの潜水艦 U ボートが
東海岸を行くタンカーを攻撃するようになりました。当時、米国海軍による
防備は十分でなかったため、1942 年の最初の 3 か月間で 46 隻のタンカーが
沈められ、16 隻が損傷を受けました。同年 4 月には、海軍が米国東海岸沿
いのルートをとることを禁じました。そのため、東北部の石油が枯渇状態と
なり、鉄道輸送に切り替えざるを得ない状況となりましたが、タンク車が不
足し、列車編成もままなりませんでした。このように事態が悪化したため、
産業界の代表がパイプライン建設の新しい戦略をたてるため 1942 年 3 月、
“Longlines are lifelines”（パイプラインが生命線だ）のスローガンを掲げて
集まりました。そして、同年 6 月、ついに軍需生産委員会より鋼材調達の承
認が下りました。

　パイプラインの建設と運転は、米国の有力な石油会社でつくるコンソーシ
アムによりバックアップされた、戦時緊急パイプライン会社（WEP）により
行われました。

　このパイプラインは二つの系統から成ります。口径の大きい方のパイプラ
インはビッグインチパイプライン、口径の小さい方は小ビッグ（little big）
インチパイプラインと呼ばれました。インチはパイプの外径寸法を示す単位
で、ビッグインチは「大きな外径」のパイプを意味し、小ビッグインチは、
「少し大きな外径」のパイプを意味します。これらパイプラインがかつてない

注：実際は「バージ」と呼ばれる平底船で、大きなものは 15,000 バレルの積載能力があった。

大口径のパイプであったため、パイプラインの作業者がこのように名付けたものです。

　ビッグインチは、原油用で、外径 609mm、厚さ 9.5mm の継目無管（鋼塊から継目なしに造る管）が、テキサス州ロングビューの東テキサス油田からイリノイ州のノリスシティを経て、ペンシルバニア州のフェニックスビルに達し、そこで、外径 508mm の 2 本のパイプラインに分岐され、一本はニューヨークへ、もう一本はフィラデルフィアに供給される、全長 2018km のパイプラインです。これらのパイプラインは 1942 年から 1944 年の間に建設されました。

　小ビッグインチは、精油[注]用で、外径 508mm、厚さ 7.5mm のパイプが 2 本並列で、テキサス州のボーモントからアーカンサス州のリトルロックまで行き、そこで、ビッグインチのルートと合流し、同じ敷地を通り、ビッグインチと同じ目的地に達する、全長 2374km のパイプラインです。

　パイプラインの途中には、管路の圧力損失で失われた圧力を補うため、約 80km ごとにポンプステーションがあり、ビッグインチには 27 の、小ビッグインチには 29 のポンプステーションがありました。

　二つのパイプラインは、ヨーロッパで大戦が終結する 1945 年 5 月までに原油、精油あわせて 3 億 5 千万バレルの油を輸送しました。

　大戦終結後、これらパイプラインの利用法がいろいろ議論され、結局、テキサス・イースタン・トランスミッション 会社が買い取り、天然ガスの輸送用に使われました。[資⑧]

3.5　アラスカ・パイプライン

　1979 年に完成したトランス・アラスカ・パイプラインはアラスカを南北に縦断する石油パイプラインで、外径 1219mm、全長 1300km、途中に 11 のポンプステーションがあります。このパイプは全て日本製で、当時の新日本製鐵で製造されました。管材は高張力鋼の X60 と X65 で、寒冷地に敷設されることから、厳しい低温靱性と現地溶接のための低炭素当量が要求されました。パイプラインは、一部地域で永久凍土の上に敷設されるので、パイプラインの熱で永久凍土が融けないようにパイプを支える杭にヒートパイプ

注：原油を精製したガソリンなどの油をいう。

が採用されました。これにより、地中の温度が大気温度より高い場合は作動液による熱移動で地中の温度を放熱器から放熱する事で地中の温度を冷やし、大気温度が地中温度より高い場合は熱を遮断する構造をしており、永久凍土が溶け出すことを防いでいます。また、気温変化によるパイプの伸び縮みを逃がすため、ジグザグの配管ルートをとっています。資⑩、⑯

3.6　日本のパイプライン

　世界のパイプラインはおよそ 200 年の歴史を有しますが、日本のそれはわずか 70 ～ 80 年に過ぎません。

　日本では、1885 年に東京瓦斯会社、現在の東京ガス（株）が、1888 年に日本石油会社、現在の ENEOS（株）が、そして戦時色が色濃くなった 1941 年、石油資源確保のため帝国石油（株）、現在の（株）INPEX パイプラインが設立されました。

　日本で近代的な油田開発が始まったのは 1890 年代、新潟県の尼瀬油田からで、まず新潟県内の油田開発が進みました。1910 年代になると、秋田県で油田が各地で見つかり、1935 年ごろには、秋田県が国内の産油の 70％以上を占め、日本の石油王国と言われるようになりました。

　日本のパイプラインは、米国、ロシアなどと違い、石油ではなく、天然ガスの輸送手段として発展してきました。その理由は、日本の油田の油の埋蔵量は 20 ～ 30 年供用できる程度の埋蔵量しかないものが多いため、輸送はタンクローリーや鉄道によることが多く、遠距離を運ぶ石油パイプラインは、後述の成田空港の燃料油パイプライン以外には存在しません。

　ここで、日本のパイプラインに関係の深い、都市ガスの原料について触れておきます。

　日本の都市ガスの原料は、1870 年代にガス灯が灯って以来、専ら石炭でしたが、1960 年代から石油へ移行し、そして天然ガスが石炭、石油に比べ、燃焼時に発生する CO_2 や窒素酸化物が少なく、硫黄酸化物を発生させないことから、1970 年代後半以降、LNG（液化天然ガス）へ急速に転換されました。

　日本のパイプラインは、1950 年代から 1960 年代にかけて、秋田県内の天然ガスパイプラインが整備されて、県産の天然ガスの利用が進み, 県内の各町で公営のガス事業が開始されるところから始まりました。

　新潟県内でも 1959 年から 1961 年にかけて、二本木、青海、新潟、長岡の 4 本の天然ガスの幹線パイプラインが敷設されました。

　そして、日本海沿岸にあるガス田や LNG 基地[注1]からの天然ガスを、都市にある都市ガス製造拠点や太平洋岸の天然ガスを燃料とする火力発電所に供給するために、日本を横断する天然ガスパイプラインが必要となりました。

　1961 年に新潟県の頸城（くびき）油・ガス田から東京、豊洲の都市ガス製造拠点まで設計圧力 4.9MPa、口径 300A、総延長約 330km の本州を横断する「東京ライン」パイプラインの建設が始まりました。標高 1,000m 余の山稜を越え、多数の河川を渡り、多くの市街地を通過するパイプラインです。延べ 50 万人が工事に携わり、わずか 1 年弱で完工し、1962 年 10 月に東京ガス㈱豊洲工場へ天然ガスを送り出しました。[資⑪]　図 3-4 参照。

　都市ガス用管の材質に触れておくと、1964 年当時、内圧が 0.1MPa 以上で 1MPa 未満の場合は鋼管とダクタイル鋳鉄管の割合がほぼ半々でした。0.1MPa 未満の場合は、前記の材質のほかに、硬質塩ビ管がわずかに使われていました。ポリエチレン管[注2]はまだ殆ど使われていませんでした。[資⑭]　その後、ポリエチレン管は、可撓性、特に耐震性に優れ、耐食性があって、埋設管に優れた特性を有していることから、1982 年、ガス事業法の技術基準に 0.1MPa 未満の低圧ガス導管の主要材料として、中密度ポリエチレン管が規定されたことにより、その普及が本格化しました。

　さて、日本初の石油パイプラインとして、成田空港開港に先立ち計画された「航空燃料輸送システム」は、当時は、2 種類ある燃料油のため径 350A の管 2 本で構成され、燃料輸送船の入る千葉港から成田空港までの全長 47km のパイプラインです。

　1972 年に着工しましたが、工事進捗に幾多の紆余曲折があったために遅れ、1983 年、空港開港後 5 年目にして、その 1 本目が開通しました。このパイプラインは、1973 年に公布された「石油パイプライン事業法」が適用されたわが国唯一のパイプラインです（2021 年現在）。写真 3-1。[資⑫]

　1996 年、東京ラインに次いで長い、日本海 LNG 基地（新潟東港）を起点とし、新仙台火力発電所を終点とする、「新潟・仙台間ガスパイプライン」が完成し、

注 1：タンカーで運ばれてきた LNG を気化して天然ガスに戻す基地。
注 2：日本におけるポリエチレン管の進化過程については 4.2（2）項参照。

供用を開始しました。このパイプラインは、設計圧力約 7MPa、外径 508mm、厚さ 11.9mm、管種 API5L-X60（米国石油協会規格の鋼管、6.7.3 項の高強度管を参照）、輸送能力 5,000,000Nm^{3}注 / 日、距離 250km です。高圧ガスパイプライン技術指針（案）（1991 年発行）に準拠しています。

写真3-1　成田空港の燃料油パイプライン　資⑫

図3-4　日本の代表的なパイプライン　資⑫、⑬、⑭より作図

注：Nm^3 は温度 0℃、圧力 1 気圧の標準状態に換算した気体の体積

　パイプラインのルートは山間部において、直線部よりも曲線部の方が多くなります。山間部に使うベンド管は、工場で成形される曲げ半径が管径の1倍から5倍の小半径のベンド管ではなく，もっと大きな曲げ半径のベンド管となります。　このようなベンド管を作るため、CRC-Pipeline International Inc. 製の冷間曲げ加工機が導入され、現地に据え付けて、ポリエチレンライニング鋼管を地形に合わせた小曲げ角度のベンド管に成形しました。資⑬

第3章 出典・引用資料

① Gas Light and Coke Company　Wikipedia
https://en.wikipedia.org/wiki/Gas_Light_and_Coke_Company
② Gas Well in US was 1825 in New York
https://www.hartenergy.com/exclusives/first-gas-well-us-was-1825-new-york-29483#:~:text=The%20first%20co m m ercial%20gas%20well,was%20a%20symbolic%20gesture%20only.
③ Transmission pipeline basics
https://www.aboutpipelines.com/en/
④ Edwin Drake Wikipedia　https://en.wikipedia.org/wiki/Edwin_Drake
作者不明　public domain
⑤ Drake Well Museum　Wikipedia
https://en.wikipedia.org/wiki/Drake_Well_Museu
撮影者：Zamoose，　CC BY SA2.5
⑥ Tidewater Pipeline—Coryville,PA
http://www.smethporthistory.org/coryville/oilarticle.html
⑦ http://www.smethporthistory.org/coryville/tidewaterpipeteam.jpg
⑧ Big Inch Wikipedia　https://en.wikipedia.org/wiki/Big_Inch
⑨ 今井宏：パイプづくりの歴史　アグネ技術センター　（1998）180 頁
⑩ トランス・アラスカ・パイプライン
https://ja.wikipedia.org/wiki/%E3%83%88%E3%83%A9%E3%83%B3%E3%82%B9%E3%83%BB%E3%82%A2%E3%83%A9%E3%82%B9%E3%82%AB%E3%83%BB%E3%83%91%E3%82%A4%E3%83%97%E3%83%A9%E3%82%A4%E3%83%B3
⑪ 国際石油開発帝石 10 年の歩み　　国際石油開発帝石株式会社
https://www.inpex.co.jp/company/history-10years.html
⑫ 航空燃料輸送システム　成田空港給油施設株式会社
http://www.naaf.jp/business/transportation/
⑬ 江川　堯：新潟・仙台間天然ガスパイプラインの建設、石油技術協会誌
第 62 巻第 2 号
⑭ （株）INPEX パイプライン企業情報　パイプラインマップ
https://www.inpex-pipeline.co.jp/about/
⑮ 酒井成泰：ガス事業と導管の問題点、鋳鉄管協会誌創刊号　1966 年 8 月発行
⑯ 当麻英夫：溶接鋼管製造法の歴史、配管技術研究協会誌　2001 年秋号
⑰ Illustrated Catalogue of Oil and Artesia Well Supplies
Oil Wel Supply Co. Ltd　27 頁

第４章　非鉄管の歴史

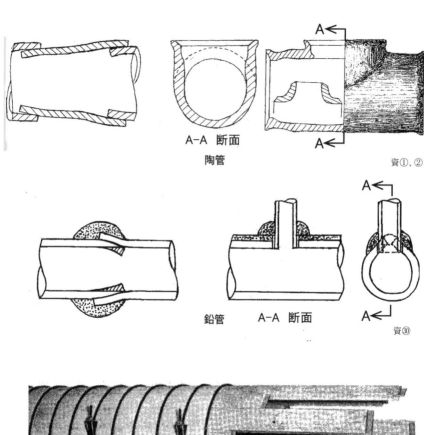

A-A 断面

陶管

資①、②

鉛管　　A-A 断面

資㉚

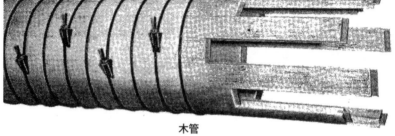

木管

資㊵

　本章では鉄系の管を除く管、すなわち、陶管（土管）、銅系管、鉛管、木管、そして、プラスチック管の歴史について紹介します。なお、石の管は第 1 章を、コンクリートの管は第 2 章を参照願います。

4.1　陶管

4.1.1　古代中国[注1]における陶管

　1980 年代に河南省淮陽の平糧台で、殷の時代より古い 2000BC の時代の竜山文化の史跡が発見され、同時代の陶管[注2] が発掘されました。

　陶管は南城門の路面の下に排水用として埋められていたものです。その写真から判断すると、直径 30cm 前後、単長 50cm 前後で、接続は管端部の口径に大小の差をつけ、口の大きい管に口の小さい管を差し込む方式です（図 4-1 A 図）。路面下の溝は深さ、幅ともに 74cm で，3 本の管が "品" の字を逆さにした形で配置した後、土で埋め戻し、その上にモルタルと石を加え、土被りの深さは 30cm でした。[資①]

　殷（商とも言う）の時代は年代がはっきりしないものの、1600 ～ 1046BC と言われており、古代ローマの時代よりさらにに古い時代となります。

　その殷の遺跡からも、貴族の使った水用の陶製の管が発見されました。古代ローマでは配水用に鉛管が使われましたが、中国では殷の時代も、その後の時代も陶管が使われました。これらの陶管は極めて優美に作られ、両端は垂直に切り落とした状態でしたが、やはり、一端の内径が他端の外径より太く作られており、大径端の管に小径端の管を差し込んで両者を接続するようになっています。

　驚くべきことに、図 4-1 B 図に示すような陶製の T 字管（中国では 3 通管

　注 1：中国古代の文化・王朝と時代はおよそ次のようになっています。
裴李崗文化：7000 ～ 5000BC（新石器時代）、竜山文化：3000 頃～ 2000BC 頃（新石器時代後期）、殷（商）朝：1600 ～ 1046BC（?）、周朝：1046 ～ 771BC、春秋時代：770 ～ 476BC、戦国時代：475 ～ 221BC、秦朝；246 ～ 202BC、前漢朝：202BC ～ 8 年、後漢朝：25 ～ 220 年、以下略。なお、邪馬台国の卑弥呼が中国へ使いを送ったのは 239 年。
　注 2：「陶管」と「土管」には広義と狭義とがあり、広義の「土管」と「陶管」はいずれも、粘土の管を素焼きしたものと釉薬を塗って焼いたものの双方を含みます。それに対し、狭義の「土管」は素焼きした粘土の管をいい、狭義の「陶管」は粘土の管に釉薬を塗り、素焼きの土管より高い温度で焼成したものを言い、強度が高く、水を通しません。文献において「土管」、「陶管」が広義なのか狭義なのか判断できない場合、文献の原文のままとしています。

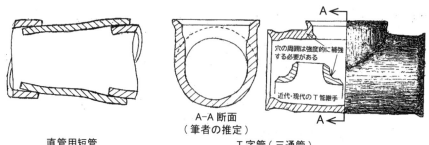

直管用短管　　　　　　　　　　　　　　　　T字管（三通管）

A-A 断面
（筆者の推定）

図4-1　古代中国の陶製管とT字管　資①、②より作図

と呼ぶ）も存在しました。これを現代の陶製のT字管と較べると、枝管接続
部の首の高さが現代のものより短いが、かなり似た形状をしており、また枝
管を取り出すための穴の周辺に、穴のまわりを補強しているような張り出し
部が見られるのは興味深いことです。資②

　475 ～ 221BC の戦国時代に創られ、秦の時代（246 ～ 202BC）に拡張され、
前漢（202BC ～ 8）の皇帝の庭園となった上林苑から多くの地下排水管の遺
跡が発見されました。その 4 号建築遺跡で発見された二組の排水管は筒状の
陶管で、その外表面には細くてまっすぐな、あるいは交錯した、あるいは斜
めの縄模様で表面が飾られており（日本の縄文土器を想起させます）、内側は
ごつごつした面をしています。これらの建築物の建造開始時期は、歴史書と
出土遺物の特徴から、戦国時代後期と判定されました。資③

図4-2　陶管のひもづくり　資③より作図

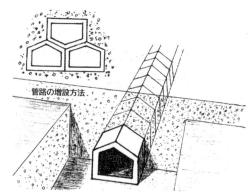

図4-3　断面が五角形の陶管

　当時の陶管の製法は茶碗などをつくる時にも使われる、「粘土のひもづくり法」（中国では「泥条盤築法」という）で、その成形の要領を図 4-2 に示します。すなわち、まず粘土で人差し指程度の太さの長いひも状のものを作り、これを板の上で所定の直径になるように最初の輪を作り、後はその上へ上へと連続的に粘土のひもを積み上げてゆき、筒状の管にしてゆく方法です。

　同じ 4 号建築遺跡では、五角形の陶管（図 4-3）が発見されています。資③断面を五角形にした理由は、同一形状のものを多数作っておき、必要に応じ、図 4-3 の左上のようにこれを積み上げることにより、安定して、コンパクトに、そして容易に管路を拡張することができるためと考えられます。

4.1.2　古代地中海沿岸における陶管

　地中海沿岸では 2500BC ごろ、エジプトにピラミッドが建設された時代に、陶管のルーツとも言える土管が誕生しました。

　また、クレタ島に 2000 〜 1700BC ごろまで存在したクノッソス宮殿跡から陶管の給排水設備が発掘されています。資④

4.1.3　日本における陶管

　日本で、現在発見されている最も古いものは、7 世紀初頭に創建された飛鳥寺（奈良県）と、飛鳥寺から 200m ほど離れた、7 世紀半ばに創建された川原寺、各々の史跡から発掘された口径の異なる 2 種類の素焼きの土管（太い方は外径 50cm、細い方は内径 10cm）で、管の接続方法は凹形の管端面に凸形の管端面をはめ込む、現在のソケット継手に近い方式です。資⑤

　1664 年に、宇土（熊本県宇土市）の初代藩主細川行孝が完成させた轟泉水道（轟水源から宇土城下町までの総延長 4.8km、標高差 5m）に、最初に使われた管は円形の瓦質管と呼ばれる陶管で、近隣の瓦工場で 12000 本が作られました。瓦質管の接合部は漏水防止のためシュロの皮を幾重にも巻き、漆喰が接合剤として使われました。轟泉水道が布設されて 100 年が経過すると、瓦質管が破損し水漏れや水の汚濁等が問題となりました。そこで、強度面や維持管理を考慮し、その全ての管が近くの網津で産する馬門石へ取り換えられました。流路断面は凵形（流路幅約 27cm、深さ約 25.5cm）で、石板のふたをかぶせました。石管同士の接合には、貝の灰（しっくいの主原料）、赤土、

松葉の煮汁、塩を所定量、石臼に入れ、杵で突き混ぜた「がんぜき」というものが使われました。

この水道は現在も使われており、120戸余りに水を供給しています。資⑥

江戸時代の後期になると、今の愛知県常滑市で土管の生産が始まります。この土管は、土樋（どひ）とか水門（すいも）と呼ばれ、内径10cmほどの細いものが主流です。そして、その土樋は、どれも素焼きに近い焼きあがりで、もろい材質の土管でした。常滑では素焼きのような焼き物を赤物と呼んでいましたので、土樋は赤物製品でした。資⑦

2000年（平成12年）度の新橋汐留の発掘調査において、1872年（明治5年）開業の初代新橋駅の遺構と思われる土管注が、製造時と変わらぬ状態で発見されました。土中で100年を超える耐久力のあることが証明されたわけです。

現在では、農地や宅地で、余剰の地下水を排除する暗渠として素焼きの土管が使われています。

一方、欧米では現在、主に埋設下水管に土管、陶管が使われています。

4.2　鉛管

4.2.1　古代ローマにおける鉛管

鉛管は、古代ローマ時代に特に多量に使われ、その後の時代も引き続いて長く使われています。このことは英語のPlumbing（Plumbは鉛）が「管を施工する」という意味になっていることからもうかがえます。

鉛の毒性から現在は飲料水の管に新たに使われることはありませんが、排水用や特殊な耐食を要求される管などに限定的に使われています。

古代から鉛が管材に使われたのは、鉛の引張り強さは常温で$130N/mm^2$で、鉄の1/30ぐらいしかありませんが、融点が328℃と低いため、容易に金属を鉱石から抽出しやすく、鋳造しやすく、また柔らかいので管への加工がしやすいからです。古代ローマでは、小径の管には専ら鉛が使われました。一方、ローマの属州では、陶管や木管も使われました。この違いは、交通が不便な時代ですから、管を作る材料の産地と管を使用する都市との距離が関係して

注：通信史要〈通信省編〉（1898年）には、「新橋横浜間は当初木樋を用ひ、後、陶管に換へたり」とあります。資⑰

いると思われます。

　古代ローマの鉛管の作り方は、図 4-4 のように、まず溶かした鉛で、成形後の管の寸法となる幅の板を鋳造し、その板を木の丸棒に巻き付けて成形後、板の合わせ目（長手継手という）に溶融点よりかなり高い温度の鉛を注ぎ入れ、板の鉛も一部溶かして融接します。このとき、長手継手の外側へ鉛が流れ出さないように粘土で土手を作り、また溶融した鉛が管の中へ落ち込まないように管の中に砂を詰めます。このような方法で鉛管にしたので、断面はとても円の形といえるものではなく、洋梨のような形になりました。

　鉛管同士の接続方法の例を図 4-5 に示します。

　1.1.3 項で述べたフロンティヌスの「水道書」によれば、古代ローマの鉛管

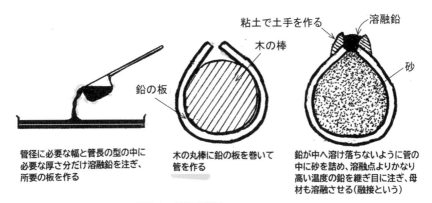

図4-4　鉛管の製法　資⑲-3、㉓より作図

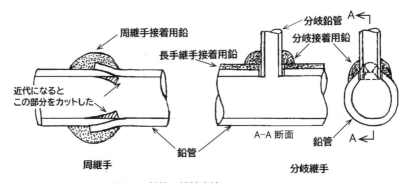

図4-5　鉛管の接続方法　資⑫-1、⑲-2より作図

のサイズは標準化されており、管のサイズは管に丸める前の板の幅寸法で表しました。管の長さ（板の長さに等しい）は3mと定められていました。

　管のサイズは、管径ではなく、管を巻く前の板幅を当時の長さの単位で表わしました。管のサイズは、内径23mmから228mmまでの間のよく使われるサイズ15種類が標準化されていました。資⑧-4

　古代ローマの建築家ウィトルウィウス（紀元前後の人）は、「鉛管工は普通の血色がなくなって、蒼白い色をしている」と書いていて、当時から鉛に毒性があるのは分かっていたのですが（資⑫-1）、それでも鉛が調達できる地域では、鉛管は水道用として、古代ローマ時代以降、はるか後世の時代まで使われ続けました。

4.2.2　中世、近世のヨーロッパにおける鉛管

　中世に入り1236年（1247年という説もある）、英国のヘンリー3世により、コンジット（導管という意味）と呼ばれる鉛管を使ったロンドン最初の水道が、郊外の泉の水を自然勾配を利用した重力流（自然流下）によりロンドンへ運びました。この後も同種のコンジットが数多く敷設されたということです。

　1582年に、オランダ人ピーター・モーリスによる、テムズ川のロンドン橋のアーチ下に設置された水車駆動の揚水ポンプ注を使った近代的水道事業が始まります。このころから次第に市内の管は鉛管よりも木管が使われるようになっていきます。資⑧-3

　先に述べた、鋳造した鉛板を巻く古代ローマ時代の製法は、17世紀後半まで使われていました。ただ、長手継手、すなわち、円形に丸めた板の端部同士の接合は、突き合わせにして行い（管断面を洋梨形でなく円形にできる）、接合に使う金属は鉛ではなく、鉛（融点：328℃）にもっと融点の低い錫（融点：232℃）を加えたハンダが使われました。資⑨

　17世紀後半になると英国で、鋳造した鉛の厚板を、水車または馬で回転させる2本のロールの間を通して圧延した、良質で均一な厚さの鉛管用板が使われるようになりました。資⑬-1

　18世紀後半に、圧延された鉛板から管を製作する方法に変革が起きました。

注：テムズ川のポンプが蒸気駆動になるのは1752年で、2台のニューコメン蒸気機関駆動のポンプが登場しました。1800年になると、ほとんどのポンプにワットの蒸気機関が使われました。資⑯-2、㉜

管径に応じた幅に切断した帯板を、2本のロールの間に内径を形成させるプラグを置いた設備で管状に成形、さらにプラグを支持するフレームにとり付けた工具により長手継手となる板端部をハンダろう付けに適した形状に切削する設備により、機械によって鉛管の成形が出来るようになりました。資⑧-7

　この方法は後のロール成形による溶接鋼管製法の先駆をなすものでした。

　時代が前後しますが、17世紀後半に鉛の鋳造管が登場します。その製法は、木の幹をくり抜いた二つ割れの鋳型を水平に向き合わせて組み、クランプ注で結合し、円柱状に削り出した木材の中子を鋳型の一端から入れ、所定位置にセットし、両端の開口部に栓をします。鋳型の上部に設けられた鋳込口から鉛を流し込み、冷えた後、中子を抜き取り、鋳型をばらして鉛管を取り出し、その鉛管の管端を栓として、次に鋳込む鋳型を組み、前と同じ要領で鋳込みを行います。これを連続して行い、長い1本ものの鉛管を製造しました。資⑧-6（一部類推を含む）

　木製の鋳型と中子は後に鋳鉄製に代えられました。

　1791年には、ワットの蒸気機関のシリンダを製作した、英国のジョン・ウィルキンソンが鉛を中空円筒に鋳造し、その円筒の中に鉛より硬い材料のマンドレルを挿入し、それを溝型ロールの圧延機に通し、穴溝の径とマンドレル径を少しずつ小さくして、繰り返し圧延を行うことにより、所定の径と厚さの、延伸した継目無鉛管を製造しました（図4-6）。資⑲-2、㉒

　圧延ロールの回転は、水車または馬による回転力をギアで速度、方向を変換し、圧延ロールに伝達しました。

　フランスでは1850年代、ナポレオン3世の治世下において、それまで地中に埋設されていた小径の鉛の水道管が、回廊式下水道内（2.2.1項参照）に

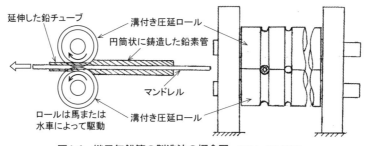

図4-6　継目無鉛管の製造法の概念図　資⑲-4、㉒より作図

注：管状のものを抱くように締めつける金具

取り込まれるとき、径350、400、500mmといった太い鋳鉄管に置き換えられました。

　しかし、19世紀において鉛は、水道管、ガス管用として多量の需要があり、鉛の製錬は方鉛鉱を原料にして、反射炉か衝風炉[注1]を使って行われました。

4.3　銅・黄銅管[注2]

　6000BCのころ、人類は銅を火で溶かす鋳造技術を身につけました。古代ローマ時代を遥かにさかのぼる2750BCのころ、エジプト、アブシルのサフレ神殿にある銅製の給水管は槌で厚さ1.4mmに伸ばした板で作られました。その銅管の一部はベルリン博物館に所蔵されています。[資⑫-2]

　古代ローマでは銅が手に入り難かったため、管には石や鉛が多く使われ、銅（青銅）は専ら水栓や弁などに鋳造して使われました。

　近代の銅または黄銅（真鍮）チューブの作り方は、5.3項の錬鉄のチューブのように、板をまるめ、突き合わせか重ね合わせで長手継手部を槌打ちした後、鑞付けでシールし、それをダイスで引き抜き、外径と厚さを均一にする製法でした。しかし、長手継手部から漏れるという欠点がありました。

　銅管は、時代が下って、産業革命期に生まれた蒸気機関用ボイラの伝熱管に使われるようになります。1829年、リバプールで行われた機関車競争で優勝したロバート・スティブンソン親子が製作したロケット号のボイラは、水を入れた水平円筒型ボイラの下半部に、角形の火炉と煙突室をつなぐ径25mmの銅管を25本通し、この中を高熱の空気と炎を通過させて、まわりのボイラの水を熱し、蒸気を作る最初の煙管ボイラでした。[資㉘、㉙]　このように、初期のボイラの煙管には，熱伝導率がよい銅管や黄銅管が使われましたが、銅、黄銅管は、石炭だきボイラでエロージョンを起こし、寿命の短くなることがわかり、錬鉄管が、さらに後には鋼管が使われるようになりました。

　また、19世紀後半、効率のよいワットの蒸気機関には、蒸気に仕事をさせたあと、冷やして水に戻す復水器がついていますが、この復水器の冷却用チューブには伝熱性と耐食性に優れた銅・黄銅が専ら使われました。

　注1：送風用空気を炉の熱を利用して余熱する炉。
　注2：銅と銅合金の融点は、銅が1085℃、黄銅（銅と亜鉛の合金）が900〜940℃、青銅（銅と錫の合金）が875℃前後です。銅系金属が古代に多量に使われなかったのは採掘量が多くなかったためと考えられます。古代の銅合金は銅鉱石の中に、自然に亜鉛や錫が含まれていて、できたものです。

　1838年、英国のチャールズ・グリーンにより、銅・黄銅の鋳造による継目無管の製法が発明されましたが、その製法は、先に開発されていた鉛の継目無管と同様の方法です。すなわち、二つ割れの鋳型の中に中子をセットしたものを縦に置き、溶けた銅を注入してまず厚肉円筒の鋳物を作り、これを図4-6の鉛管の圧延と同じ要領で、穴溝の径の異なるロールで圧延を繰り返し、所定サイズの銅管を製造しました。資⑪

　日本における銅管は、1923年大阪医大付属病院で給湯用に使われたのが最初と言われています。水道用では、1932年に東京市水道局が、1937年に大阪市水道局が銅管を採用しました。資⑭

　現在、銅、銅合金は、欧米では給水、給湯配管に主として使われていますが、日本では、これら配管に欧米ほど使われず、空調用や医療用の諸配管に多く使用されています。

4.4　木管

4.4.1　古代世界における木管

　最初に管に使われた木材は竹であったかもしれません。竹は、その節をくりぬくだけで管にできたので竹の産地では、細いけれども簡単に管を得る方法でした（図4-7）。100BCごろ、前漢の時代の煉瓦絵に描かれた四川の製塩の図に、曲がりくねって連続した竹の管が描かれています。資⑮

図4-7　竹の筧

図4-8　木の樋

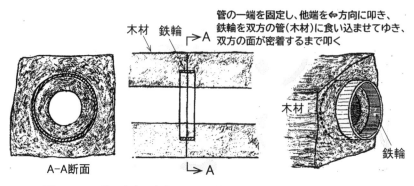

図4-9　ロンドン出土の古代ローマの鉄輪で接続した木管　資⑧-2,㉑より作図

　図4-8は農業灌漑用の木の樋ですが、このような樋は中国清代の大百科辞典である古今図書集成[注]に出ており、古代から使われていたと考えられます。

　木をくり抜いた管の使用は、200BCごろのエジプトに始まり、古代ローマの人、プリニウスが見聞したことを書いた「博物誌」には、松や榛の木が使われたとあります。ドイツ、フランス、イギリスで発掘された古代ローマ時代の木管（ローマ市内では発見されていない）を見ると、木の幹の中心を円錐状の太いキリでくりぬき、通常は、幹の径のおよそ1/3を穴径とし、その両側の約1/3を管の壁厚さとしています。資⑧-1

　木管を接続する独特の方法の一つとして、古代ローマ時代には、図4-9に示すような双方の木管端面の穴のまわりに長さ約10cmの鉄の筒を叩き込んで接続する方法がありました。これは水漏れを防ぐとともに、木管の端面に発生する放射状の割れが外面まで貫通するのを防ぐ効果がありました。資⑧-2

4.4.2　中世以降のヨーロッパにおける木管

　木管は、中世以降ヨーロッパで非常に普及し、通常、長さ約6m、直径80～120mmで、0.35MPa（3.5気圧）の圧力に耐えられました。資⑫-2

　木管は近世、近代に至るまで、木材の豊富な地域では、金属管に伍してよく使われましたが、使われる木の種類は土地柄を映しています。英国ではエルム（楡）、米国ではレッドウッド（セコイア）、ダグラスファー（アメリカ松）、タマラック（アメリカカラマツ）、江戸時代の日本では檜や松が使われました。

注：古来の典籍から関係記事を抽出、集めたもの。

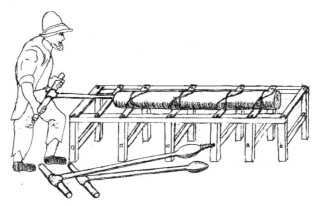

図4-10　人の手による木幹のくり抜き作業　資⑬-2、⑱より作図

　英国では、前述のピーター・モーリスが1582年にロンドンにロンドン橋水道会社を設置したのが契機となって、その後、ロンドンの水道事業は拡大して行き、17世紀のロンドン市内のエルムの木をくり抜いた管の延長距離は600kmを越えました。木管は漏水の発見のしやすさと修理の便のため、開渠にして、その中に2本並べて敷設されたということです。資⑧-3

　木の幹をくり抜く方法は、1556年にドイツで出版された本に、太い錐を手で回しながら押しこんでゆく方法が描かれています（図4-10）。

　18世紀中ごろの英国では、人力に変わり、水車で駆動する中ぐり機械で木の幹に穴をあけ、管とするようになりました。資⑯-1

　18世紀末まで、鋳鉄管の給水管への使用は、まだ試験段階にとどまっており、英国では例えば、1754年のロンドン橋水道会社による敷設管の種別を見ると、木管50kmに対し、鉛管3.5km、鋳鉄管は1.6kmで、この時代、まだ木管が主流となっていました。資⑧-5

4.4.3　近世、近代の米国における木管

　一方、米国では前述のとおり、セコイアやアメリカカラマツなどの丸太の芯をくり抜いた管が17世紀ごろから使われましたが、19世紀半ば以降になると、耐圧強度を補強するため木管の外側を、ワイヤーでらせん状に巻き、腐食防止のため、管外面をアスファルトで覆ったワイコッフパイプ（Wyckoff pipe、特許者の名をつけた）と称する木製管が一時的に使われました。

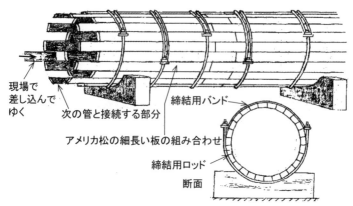

図4-11　米国で一時的に多用された木製樽管 資㉕、㉗より作図

　そして木製の樽状の管、樽管（Wood Stave Pipe）が、米国のみならずカナダのバンクーバーなどで多量に生産され、20世紀初頭まで使われました。

　この管は、アメリカ松の柾目の、細長い板を現場に運び、現場で、図4-11に見るように細長い、板と板の間に細長い板を差し込みつつ、樽（または桶）状に管を組んでいき、バンドおよびワイヤで管外周を締め付ける、この作業を繰り返すことにより、管路を長く延ばしていくことができました。樽管は、錬鉄管や鋼管を何百キロの距離を運ぶよりは、現地で管を作り、敷設することの方が容易であったので、比較的口径の大きな水用の管として使われました。その使用寿命は長いもので60年に及びました。資㉔、㉖　本章扉下段の写真参照。資㊵

　日本では、17世紀中ごろの江戸時代において、玉川上水に木樋が使われますが、木樋については1.3.2項を参照願います。

4.5　プラスチック管

　20世紀の石油化学工業の産物であるプラスチックの管材への進出は近年、急速にすすみ、今後さらに一層広い分野で使われていくものと思われます。

　ここでは、代表的なプラスチック管である塩ビ管とポリエチレン管の短い歴史を一瞥しておきます。

(1) 塩化ビニル管（塩ビ管）

　1936年（昭和11年）、ドイツで生産されるようになり、第2次大戦中、

ドイツで金属が軍需用に使われたため、市場に金属管が不足し、塩化ビニル管が広く使われるようになりました。

　日本で塩化ビニル管の試作に成功したのは、1951 年（昭和 26 年）でした。日本では耐薬品性の特徴を生かして、化学工場の薬液配管に使われました。また、戦後の上・下水道の復旧に塩ビ管が積極的に使われ、貢献しました。現在、「塩ビ管」の名で親しまれる最もポピュラーなプラスチック管です。資⑩-1

(2) ポリエチレン管

　ポリエチレン樹脂は 1933 年、英国の ICI 社が開発し、ポリエチレン管は水道用配管や農工業用配管に使用されました。ポリエチレン管には延性に力点を置いた低密度ポリエチレン管（LPDE）と強度に力点を置いた高密度ポリエチレン管（HPDE）があります。いずれも日本に導入されてからトラブルに見舞われ、一時信頼のゆらぐこともありましたが、原因が究明され、現在はその改良品が普及しています。日本におけるその進化の過程を表 4-1[注]に示します。資⑩-2

表4-1　日本におけるポリエチレン管の進化

西暦	低密度ポリエチレン（LPDE）	高密度ポリエチレン（HPDE）	西暦
1953	水道用給水管に使用開始　給水管：水使用者敷地内配管（下流）	第1世代、水道用配水管に使用開始　配水管：水道事業者が敷設する配管（上流）	1955
1975	水泡はく離事故多発　原因は、カーボンブラックが水道水の塩素により、樹脂の劣化を促進	き裂漏水事故多発	1970
		き裂対策を施した第2世代、開発	1980
1988	2層管開発（内側にカーボンブラックを含まない層）	第3世代：ベルギー、ソルベイ社が開発した高性能ポリエチレン樹脂。埋設管の耐震性に威力発揮	1989

注：1980 年ごろ、LPDE の延性と HPDE の強度をバランス良く備えた中密度ポリエチレン（MPDE）が開発され、ガス導管に使われています（3.5 項参照）。

第 4 章 出典・引用資料

①中国古代的排水系統真有那么神
　http://www.guancha.cn/EErJin/2016_07_12_367133.shtml
②商代輸排水管布置巧妙，还有三通管，領先西方 1700 年
　https://kknews.cc/history/8bk8e94.html
③ 漢長安城水利系統的建設歴程　https://kknews.cc/agriculture/l8oabnz.html

④日本大百科全書　小学館
⑤日本最古の土管水道管　水を語る会　http://mizuwokatarukai.org/essay/1458/
⑥現存する日本最古の上水道「轟泉水道」（建設コンサルタンツ協会）
　　http://www.jcca.or.jp/kaishi/256/256_doboku.pdf#search=%27%E8%B
　　D%9F%E6%B3%89%E6%B0%B4%E9%81%93%27
⑦常滑市民俗資料館資料
⑧今井　宏：パイプづくりの歴史　アグネ技術センター　（1998）
　　-1:9頁、-2:10頁、-3:35,36頁、-4:36頁、-5:67頁、-6:71頁、-7:75頁
⑨地球ドラマチック 2020 年 11 月 21 日放送、NHK BS プレミアム　ベルサイユ庭園の
　　噴水建設秘話（仏製作：VERSAILLES AN UNDERGROUND MEGASTRUCTURE
　　の日本語版）
⑩ 高堂彰二；トコトンやさしい水道の本　日刊工業新聞社　（2011）
　　-1:16,17頁、-2:28,29頁
⑪ C.J. シンガーら、平田　寛ら訳：技術の歴史 10 巻　筑摩書房　（1979）　514頁
⑫ C.J. シンガーら、平田　寛ら訳：技術の歴史 4 巻　筑摩書房　-1:378頁、-2:579頁
⑬ C.J. シンガーら、田中　実訳：技術の歴史 5 巻　筑摩書房　-1:38頁、-2:268頁
⑭東海設備（株）ホーム頁　水道管豆知識「銅管とは」
　　http://www.tokai-s.com/info/DIV3/496250.html
⑮ジョセフ・ニーダム、砺波　護訳：中国の科学と文明 8 巻　思索社（1974）　123頁
⑯ C.J. シンガーら、田辺振太郎編：技術の歴史 8 巻　筑摩書房　-1:424頁、-2:425頁
⑰陶管の歴史　http://www.afecto-ks.com/history-ceramicpipe.html
⑱ Georg Agricola：De re metallica（ドイツ）（1556）　135頁
⑲今井　宏編：文献―鋼管技術発展史　自家出版　（1994）
　　-1:22頁、-2:23頁、-3:110頁
⑳ J.Puppe,G.Stauber：Handbuch der Eisenhuettenwesen,Walzwerks Wesen Vol.1
　　（1929）　-1:105頁、-2:255~258頁
㉑ N. デヴィー、山田幸一訳：建築材料の歴史　工業調査会　（1969）　写真 66
㉒ Philip R.Bjorling：Pipes and Tubes their Construction and Jointing
　　Whittaker and Co.（1902）　41頁　Internet Archive
㉓ La Nature,No3014 1937 Dec.1　503~510頁
㉔ The Water in the wood-Hidden Hydrology
　　https://www.hiddenhydrology.org/the-water-in-the-wood/
㉕ Wooden stave pipes　Redwood Manufacturers Company　（1911）
㉖ Wooden Stave Pipe　No Teck Magagine
　　https://www.notechmagazine.com/2010/09/wooden-stave-pipes.html
㉗図 https://www.notechmagazine.com/wp-content/uploads/2010/09/wooden-
　　stave-pipes.jpg
㉘ルードヴィッヒ・ペック、中沢護人訳：鉄の歴史　Ⅳ -1　たたら書房　（1975）337
　　頁
㉙ Notes and Extracts on the history of the London and Birmingham Railway chapter12
　　https://tringhistory.tringlocalhistorymuseum.org.uk/Railway/c12_locomotive_
　　（II）.htm
㉚ Continuous Stave Pipe　Pacific Coast Pipe Co.（1914）38頁　Internet Archive
㉛ A Handbook of Wood Pipe Practice　National Tank & Pipe Company（1938）34頁
　　Internet Archive
㉜ London water supply infrastructre-Wikipedia
　　https://en.wikipedia.org/wiki/London_water_supply_infrastructure#:~:text=Grea
　　ter%20London%20is%20currently%20supplied%20by%20four%20
　　companies%3A%20Thames%20Water,being%20abstracted%20from%20
　　underground%20sources.

第５章　鉄と鋳鉄・錬鉄管の歴史

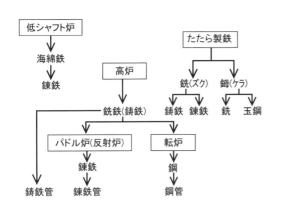

資㉓
コーネリウス・ホワイトハウス

世紀	15	16	17	18	19	20	21
鋳鉄管							
錬鉄管							
鋼管							

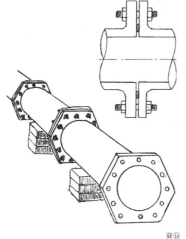

資⑭
ベルサイユ庭園の鋳鉄管

資⑬
ベッセマー転炉

5.1　鉄そのものの歴史

　鋳鉄管・錬鉄管の歴史に入る前に、鉄そのものの歴史を見ておきます。

5.1.1　鉄の作り方

　自然界の鉄は主として鉄鉱石の中に存在しますが、純粋の鉄は酸素と非常に結合しやすいために、酸素と結合した酸化鉄として存在します。鉱石から鉄を取り出すには、酸化鉄から酸素を取り除いて鉄とし、続いて鉄と岩石を分離する必要があります。酸素を除くことを還元と言います。

　酸素を取り除くには、木炭、石炭（硫黄分[注1]があるが反射炉には使える）、コークス、などを燃やし、発生する一酸化炭素により、高温となった酸化鉄の酸素を奪い取り、鉄とします。またこの高温時において、鉄は木炭などから炭素を吸収します。吸収された炭素の量は鉄の融点、強度、延性に影響を与えます。

　古代から中世にかけて、鉄を作る炉の火力は強くはありませんでしたが、鉄鉱石中の酸化鉄は800℃程度で還元し、炭素を含んだ鉄となります。しかし、純鉄の融点は1535℃（鉄に炭素が含まれると融点が下がり、炭素量4.2％で1154℃）なので、この温度域では、鉄は固体か飴状の塊で、酸素が抜けるときに多数の気泡の通り径ができ、海綿状の物体（海綿鉄という）となります。海綿鉄（ドイツ語でルッペ）はそれ以外のスラグ[注2]と絡み合い、一体化しています。海綿鉄はスラグを分離する必要がありますが、スラグの方は融点が低いため液状なので、加熱した海綿鉄をハンマのようもので叩く作業（鍛錬という：鍛え錬る）を繰り返すとスラグを分離できます。分離された鉄は錬鉄（鍛錬された鉄、英語でwrought iron）と呼ばれます。

　低い温度で還元された鉄は、木炭等から鉄に取り込まれる炭素量が少ないので、延性があり、融点が高い性質があります。

　海綿鉄を作るには高さの低い竪型の炉、低シャフト炉や、シャフト炉が使われました。これが中世以前の鉄の製法です。

　一方、近世、近代においては、高さの高い高炉が使われ、高い温度で鉱石

注1：石炭の硫黄分が鉄に吸収されると、鉄は脆弱化する。石炭をコークスにすることにより、硫黄分を減らすことができる。コークスが初めて使われたのは18世紀初頭である。
注2：残滓（のこりかす）、日本では昔、ノロと言いました。鉱石の岩の成分や金属酸化物などから成っています。

を溶かしながら還元された鉄は、高温のため、鉄に多量の炭素が溶け込むので炭素含有量の多い鉄となり、融点の低い鉄となります。鉄の融点以上で還元が行われるので、溶けた鉄とスラグは比重差により重い鉄が下に行き、スラグが上に残るので分離することができます。溶けた鉄は銑鉄といいます。銑鉄は炭素含有量が多いので（「銑」には純度が低いという意味があります）、溶接に悪影響を及ぼし、靭性が乏しく、脆いという欠点があります。しかし銑鉄は融点が低いので鋳造に向いており、鋳鉄とも呼ばれます。

　脆い銑鉄を圧延、鍛造、溶接できるようにするためには、銑鉄を再度、加熱、溶融し、銑鉄に含まれる炭素を燃やして、炭素量を適当な量に減らして（脱炭という）、延性のある錬鉄、または強靭な鋼（スチール）にする必要があります。この操作は、錬鉄にする反射炉、鋼にする転炉などの精錬炉によって行われます。一般に鉄の炭素含有量が増えると、機械的強度が高くなり、延性が低下します。鉄に含まれる炭素量は、錬鉄は 0.02 〜 0.05%、鋼は 0.02 〜 2.1％（炭素鋼でよく使われる軟鋼は、0.18 〜 0.33％の範囲）、銑鉄（鋳鉄）は 2.1％以上（一般には 3 〜 4 ％）です。

5.1.2　古代から近世の鉄の製法

　人間が本格的に使った最初の金属は銅系の金属でしたが、1400BC ごろ、現在のトルコ辺りに住んでいたヒッタイトを中心として、鉄が作られるようになると、青銅は鉄製の武器に敵わないため衰退しました。

　ヒッタイトは木炭を使って鉄を取り出す方法を開発しましたが、その製法を秘密にしたため、他の地域に広まりませんでした。1200BC ごろになり、ヒッタイトが衰退すると、その製法が周辺のエジプト、メソポタミアに伝えられさらに、インドを経由して、600BC ごろ、中国に製鉄法が伝わります[注1]。

　初期の製鉄は、地面に直径 30cm、深さ 50cm ほどの穴を掘り、その上に粘土で高さ 50cm ほどの半球状の覆いを設けたボール炉[注2]（ルッペ炉とも呼ばれる）に、砕いた木炭を下に、粒状に細かくした鉄鉱石を上に何層も重ね、加熱して、半溶融状態の海綿鉄を作りました。このとき、鉱石中の酸化鉄の

注1：中国では後漢時代の紀元 1 世紀ごろには、すでに銑鉄が作られていました。資料② -4、①
注2：ボール炉は、低い竪型の炉で、「低シャフト炉」と呼ぶ炉の一種です。「シャフト」は炉出口の、排気のための垂直部分を言います。

酸素は木炭の炭素と結合し、酸化鉄は鉄に還元されます。同時に鉄は木炭の炭素を取り込みます。鉄を還元するとき、火勢を強くするために多量の空気中の酸素を必要としますが、シャフトをできるだけ高くして自然通風を効果的に利用するようにしました。さらにに前2、3世紀には、強制的に空気（酸素）を炉内へ送り込むため、手押しまたは足踏み式のふいご（鞴）が併用されるようになりました。図5-1のふいごは、レクマラの壁画（1500BC）のもので、側面に獣の皮を張った箱状の、上下に伸縮できるものを作り、箱の上板を足で踏んで空気を炉内へ送り出し、ひもで箱の上板を引っ張りあげるなどして、箱内に空気を吸入する構造のものです。資①

　古代ローマが帝政期（27BC以降）に入るころ、粘土で作られた炉の高さが1m前後の低シャフト炉の一種、レン炉（ドイツでの呼び名）が使われました（図5-2）。レン炉は、次に来るシャフト炉、さらに後の、背の高い近代の高炉へと繋がるものでした。ボール炉、レン炉、また、それに類似の炉は、スラグが混じった海綿鉄を、炉の上部をこわすか、炉上部の開口部から引き上げて回収しました。海綿鉄は、5.1.1項に記したように、赤熱させ、ハンマで叩き、スラグを取り除く、鍛練をくりかえして錬鉄としました。

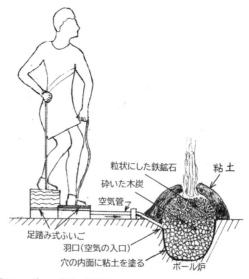

図5-1　ボール炉と皮製ふいご　資②-1：レクマラの壁画を参考に作図

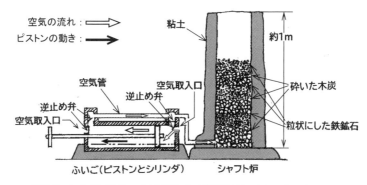

図5-2　レン炉（低シャフト炉）と木製ふいご　資②-2、④を参考に作図

　図 5-2 のふいごは、木製箱形で、ピストン式ポンプと同じ原理で、高さと幅が狭く、奥行きの長い箱形で、2 個ずつ 2 組の逆止弁（図 7-2 参照）を持ち、四角形の板状ピストンが 1 往復すると 2 回空気を送り出すので、連続的に空気を送ります。ピストンとシリンダ壁のシールには鳥の羽根が使用されました。木製箱型ふいご[注1]は、中国には紀元前からあった可能性がありますが、存在した可能性が高いのは宋の時代（11、12 世紀）以降です。資⑤

　時代が下り、12 〜 13 世紀になると、炉の高さが 3 〜 4m のシャフト炉（中でもシュトウック炉という炉が有名）が登場し、300kg 程度の海綿鉄が作れるようになりました。これを、水車駆動のハンマで叩く鍛錬の過程でスラグを取り除き、錬鉄にしました。資①

　14 世紀末になると、ピストン式や蛇腹式のふいごを水車で駆動して、大量の空気を炉内に送り込み、かつ、シャフトを高くして、海綿鉄に炭素を吸収させることで、融点を 1200℃程度にまで下げ、炉内温度を融点より上げ、溶けた銑鉄（鋳鉄ともいう）を作る高炉[注2]（溶鉱炉ともいう）が出現しました。

　英国では木炭の調達しやすい森林地帯に高炉が建設され、16 世紀後半には 50 基を越えました。そして稼働する高炉が急激に増えたため森林が枯渇し、木炭価格が急騰します。木炭の代替として石炭が注目されますが、石炭は硫黄分を含むため、鉄の機械的性質を劣化させてしまいます。この課題に対し、

　注 1：西欧では、木製箱型ふいごは、1550 年にドイツ・ニュルンベルグのハンス・ロープシンガーが発明したことになっています。資⑧
　注 2：「高炉」は炉の形から、「溶鉱炉」は炉の目的から出た名で、両者は同じ物です。

英国の A. ダービーは 1709 年、石炭を蒸し焼きにすることにより、硫黄分を除去したコークス[注1] を使ったコークス高炉を開発します。[資㉞]

　なお、中国では 5 世紀頃には鉄の溶解に石炭が使われていたということです。[資②-4、①]

　1750 年、英国でふいごを駆動するのにニューコメンの蒸気機関[注2] が、1776 年にワットの蒸気機関[注2] が使われ始めます。これにより馬力が大幅に増え、より大型の高炉の建設が可能となり、高炉の高さが 10m を超えます。[資②-3]

　旧来のシャフト炉と鍛錬により鉄鉱石から直接、錬鉄を得る方法は生産性が悪く、少量生産しかできませんでしたが、高炉により銑鉄が生産されるようになって、より多くの鉄が得られる時代となりました。

　しかし一方、銑鉄は炭素量が多く、脆いという大きな欠点があったため、銑鉄から炭素を除いて粘りのある練鉄または鋼とすることが望まれました。

　反射炉は図 5-3 に示すように、火室で石炭を燃焼させ、加熱させた炉のアーチ形天井からの輻射熱で、炉床の鉱石を加熱する構造で、中世の時代から融点の低い銅や鉛などの金属の融解に利用されていました。1784 年、英国の

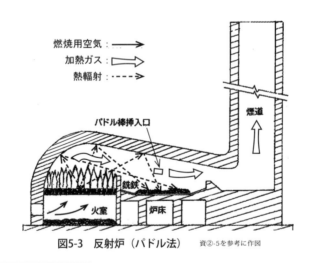

図5-3　反射炉（パドル法）　資②-5を参考に作図

注1：コークスを使うと、不純物である二酸化ケイ素（SiO_2）ができて、空気の流通を阻害するので、石灰石を入れ、ケイ酸カルシウムとして取り除く必要があります。
注2：ニューコメン機関は蒸気凝縮をシリンダ内に水を噴射して冷却凝縮したため、シリンダ温度が下がってしまい、効率は非常に悪いものでした。ワット機関は別置の復水器に蒸気を導き凝縮したので効率がよく、ニューコメン機関は使われなくなりました。

H. コートと P. オニオンズにより、この反射炉を精錬炉として使い、銑鉄を錬鉄に変えるパドル法（図 5-3）が開発されました。その方法は、反射炉の炉床に置かれた銑鉄を輻射熱で溶解し、鉄製の柄の長い棒でこねまわす（その動作がパドル（櫂）を漕ぐようだったのでこの名がある）と、銑鉄中の炭素と溶融スラグ中の酸化鉄の酸素が反応し、銑鉄の脱炭が進むと同時に CO ガスを発生、泡立ち、沸騰します。さらにこねまわし続けると銑鉄中の炭素量が減ることにより、溶融点が上がるので銑鉄は固体化してきます。それを棒で適当な大きさの錬鉄の塊にして取り出します。反射炉は石炭を燃やす火室と銑鉄を置く炉床が別室になっている構造のため（図 5-3 参照）、硫黄分のある石炭を使っても、炎が鉄と直接接触しないため、硫黄吸収の問題が起こらず、品質の良い錬鉄が得られました。

　このパドル法は鉄鉱石から銑鉄を介して錬鉄を得る方法なので間接法といい、旧来のシャフト炉で鉄鉱石から直接海綿鉄を得る方法を直接法といいます。資③-2

　日本で 1850 年代に、伊豆韮山、山口県萩、佐賀県佐賀などに反射炉が建設されましたが、これらは青銅の大砲、あるいは銑鉄の品質を改良して、大砲を鋳造するためのもので、錬鉄を造るパドル法の炉ではありませんでした。

　なお、中世のヨーロッパで「るつぼ法」という、高炉、転炉を使わずに鋼を得る方法がありました。それは錬鉄の棒を木炭の粉の中に埋め、炉中で 900℃以上で数日保持し、できた浸炭鋼（溶融温度が下がっている）を小さなるつぼに入れ、炉内で加熱、溶融したものを鋳鋼インゴットにするものでした。これは少量しか生産できなかったので、金属製時計の部品など限られた用途にしか使われませんでした。資㉟

5.1.3　日本古来の製鉄法

　日本では古墳時代にあたる 5、6 世紀になって、主として川で採れる砂鉄を主原料とした、「たたら製鉄」により鉄が生産されるようになります。鉄鉱石でなく、砂鉄を材料に、木炭を燃料にして、高さ 1.2m ほどの竪型の炉とふいご（昔は " たたら " と呼ばれた）を使い、砂鉄の結合した鉧を作りました。

　たたら製鉄には 2 通りの製法があります。銑鉄を作ることを目的とする銑押し法と、鋼を作ることの可能な鉧押し法です。両者は鉄の原料となる砂鉄

の種類が異なるほか、炉の形状、木炭の燃やし方、炉内温度などが異なります。

　銑押し法の鉄の原料は赤目砂鉄を使います。できるものは銑、すなわち銑鉄で炭素含有量が多く（3.5％前後[資⑦]）、融点が低いため鋳造に向いた鉄で、脆いため鍛造、圧延などはできません。一部が鋳鉄として使われ、大部分は大鍛冶場というところで、炉内で半溶融状態にして、内部に含まれるスラグ（ノロ）を溶融除去し、かつ脱炭する精錬作業を行い、軟らかい錬鉄（割鉄または包丁鉄と呼ばれ、包丁や鍬に使用）に変えます。錬鉄にするのに大鍛冶場を経由する必要があるので、間接法になります。

　鉧押し法の鉄の原料は真砂砂鉄を使います。工程の途中で銑が出てきますが、最終工程で鋼の元である鉧が得られます。炉底の温度は 1200℃程度になり、鉧の炭素濃度は 0.8 〜 1.3％前後になるので（[資⑦]）、鉧は錬鉄ではなく、鋼に属します。鉧の中で最上質のものが玉鋼と呼ばれ、日本刀の材料になります。精錬工程なしに鋼が得られるので、直接法に分類されます。

　玉鋼を刀剣にするには、炉内で加熱、適温になった玉鋼をハンマで鍛錬する作業を 12 〜 13 回繰り返します。1 回の鍛錬で炭素量が 0.02％減り、最終的に炭素量 0.6 〜 0.9％の鋼とします[注]。

　たたら製鉄は明治時代まで鉄を作り続けましたが、大正に入り、高炉による製鉄が盛んになると、生産性で太刀打ちできず消えていきました。

5.1.4　近代の製鉄法

　パドル法が開発された後、1856 年、銑鉄を精錬する炉として、英国人、ヘンリー・ベッセマーが、ベッセマー転炉（「転炉」は銑鉄を鋼に転ずる炉という意味）を発明します。高炉で作られた溶けた銑鉄と鉄スクラップ（成分調整用）を転炉に挿入し、そこに高圧の空気（酸素）を吹き込み攪拌すると、燃料なしで不要な鉄中の炭素などが燃え、炭素量を減らすことができます。転炉を傾けることで上部の炉口から出銑することができます（図 5-4）。ベッセマー転炉は今日に至るまで、本質的に当時と同じ形式を持続しています。

　精錬炉としてベッセマー転炉の他に、1878 年、英国人、シドニー G. トーマスの発明したトーマス転炉、また、1864 年にはドイツのシーメンス兄弟

注：NHK 総合テレビ 2021 年 5 月 11 日放送　プロフェッショナル　仕事の流儀　鍛えてこそ本物
刀鍛冶　吉原義人　による

とフランスのマルタン父子とにより、平炉が開発されました。

　現在の高炉は一般に高さが30mを超え、高いものでは100mを超すものもあります。高炉はその頂部から鉄鉱石、コークス（燃料を兼ねた還元材）、石灰石を入れ、下部の側面から高温の空気を吹き入れ、コークスを燃焼させます。頂部から投入された鉄鉱石は、高炉を上部から下部へ降りてゆく過程で、上昇してくる高温ガス中のコークスの炭素によって酸素を奪われる還元が進み、同時に炭素を適度に吸収して、炉の下部に達するときには、温度が最も高くなり、炉の底部において溶けた銑鉄が得られます。不純物を多く含む液体状のスラグは銑鉄の上に層となってたまります。銑鉄とスラグは底部側面から自然に流出してきます。図5-5。

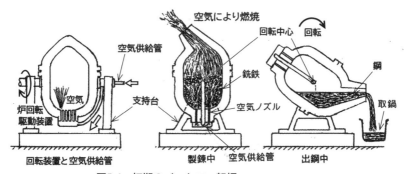

図5-4　初期のベッセマー転炉　資②-6を参考に作図

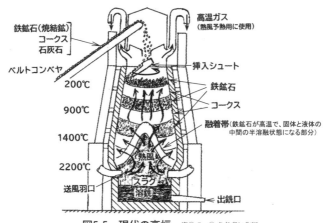

図5-5　現代の高炉　資②-7、⑨を参考に作図

　以上述べた炉のほかに、鉄をリサイクルするための、スクラップ鉄をアークによる放電熱で溶かし、成分調整して製鋼する電炉があります。電炉は1810年にハンフリー・デービーが実験に成功しますが、最初の実用プラントは1907年に米国で稼働しました。

　5.1項を整理すると、次のようになります。

　鉄の種類には、①錬鉄、②鋳鉄（銑鉄）、③鋼、の3種類があります。

　これらの鉄の主な製法を分類すると次のようになります。①古代、中世に行われていた、比較的高さの低いシャフト炉において木炭を燃やし、800℃程度で鉄鉱石の鉄を還元した海綿鉄を鍛錬して錬鉄を得る方法、②日本のたたら製鉄、③るつぼ法、④近代以降、高炉において、コークスを燃やし、1200℃以上で鉄鉱石の鉄を溶かし、炭素を吸収させ、銑鉄（鋳鉄）を得る方法、⑤反射炉で石炭を燃やし、銑鉄からパドル法で錬鉄を得る方法、⑥銑鉄をベッセマー転炉などの精錬炉で空気を吹き付け、鉄中の炭素と結合させ、炭素を減らして鋼を得る方法、です。

5.2　鋳鉄管

5.2.1　中世の鋳鉄管

　最初に造られた鉄製の管は鋳鉄管ですが、鋳型を使って管にするには、溶けた鉄が必要です。14世紀の初め、ドイツやフランスの一部地域で、シャフト炉のシャフトの高さを増し、送風量を増して、発熱量を増大させることにより、炭素を吸収した溶融状態の鉄が得られるようになりました。シャフト炉から、鉄を溶かすことのできる高炉へと発達し、これにより鋳鉄管を作れる条件が整います。鋳鉄は最初、高価な青銅の代用として小型の大砲に使われました。1313年に、鋳鉄製の大砲が作られた記録があります。15世紀になると、大砲のほかに砲弾、そして管が鋳鉄で作られるようになりました。

　鋳鉄でものを作るには鋳型が必要です。当初、鋳鉄管は、管を二つ割れにした上型、下型の砂型を作り、下型を水平に置き、その上に上型をかぶせて一つの鋳型とし鋳造しました（図5-6）。この鋳造作業は、大変手間と費用がかかったので、水道管に使うことはごく少数の領主か、裕福な修道院でなければできませんでした。中子を支えるのに鉄の小片が使われましたが、管の

壁に鋳込まれるため、その部分に欠陥の生じることがありました。また、溶けた鉄が円周上に均等に回らなかったり、円周頂部に沿って比重の軽いスラグが集まりやすい不具合もありました。さらに、別々に作った二つの鋳型を合わせて鋳造すると、合わせ面を示す長手方向の「ひだ」が製品の管の両側に１本ずつできてしまいます。後述するベルサイユ宮殿の鋳鉄管（図5-13）にそのひだを見ることができます。

　ドイツ国内で作られた最初の鋳鉄管として知られているのは、ボンから80kmほど東にあるディレンブルグ城の水道管で、1455年ごろ敷設され、

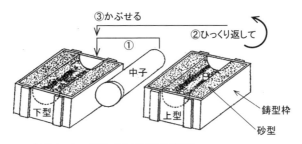

図5-6　二つ割れ水平置き管用砂型　資⑩を参考に作図

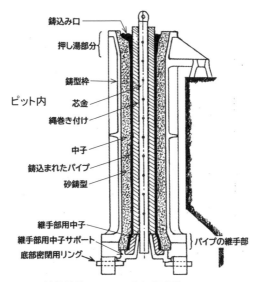

図5-7　鋳鉄管鋳込み用の垂直式砂型　資⑪-2、⑫を加工

1770 年に城が取り壊されるまで使われていました。管の接続は、管の片方の端部をすぼませ、すぼませない方の管端部に差し込む方法でした。

　鋳鉄管は鋼管より土中で腐食し難い性質がありますが、やはり鉄なので長年の間には腐り、その痕跡がなくなってしまうので、実際にはもっと早い時代から、鋳鉄管が使われていた可能性もあります。

　1800 年ごろ、水平に置いて組んだ二つ割れ鋳型を垂直に立てて鋳込む改良がなされました。これにより、水平置きで問題になったスラグは管上端部に集まるので、その部分のみ切断して除くことができ、また湯流れによる偏肉も少なくなり、さらに、中子を支持する物に起因する水漏れも起きないようになりました。しかし管外面の長手のひだは消せませんでした。

　1845 年に鋳鉄管の鋳込み方法にさらに進歩がありました。砂を込める前に鋳造製の鋳型枠を組んでしまい、図 5-7 のように、組んだ二つ割れの鋳型枠をピットの中で垂直に立て、管の外側の型となる砂型を打ち上げ、砂型が乾燥した後、中子を挿入しました。この方法は鋳型枠を組んだあと、砂を詰めたので、鋳型枠の境界は砂が隠して鋳物には表れず、見栄えがよくなりました。この方法は現在の鋳鉄管の鋳造法に引き継がれています。資⑪-2

　20 世紀初頭、様々な技術分野で機械化が促進され、鋳鉄管の製造方法の一連の作業はやがて完全な流れ作業で行われるようになりました。鋳鉄管の世界において第 1 次世界大戦（1914 〜 1918）後、遠心鋳造法が導入されました。遠心鋳造法は、図 5-8 のように、水平の、あるいはやや傾斜した、回転する円筒の金型の一端から溶融した鉄を注入し、遠心力により、溶けた鉄は円筒に満遍なく、かつ均一に行き渡り、品質も各段に向上しました。当時は、熱に耐える耐熱鋼がなかったので、金型は外から水を流して冷却するか、図

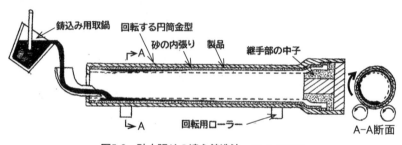

図5-8　砂内張りの遠心鋳造法　資⑪-4、⑫を加工

のように金型内側に砂で内張りをしました。資⑪-3、⑫

5.2.2　ルイ14世の噴水
(1) マルリーの機械

　17世紀、フランスの王位にあったルイ14世は、巨大なものが大好きな王でした。1661年8月、王がボールビゴント城に招かれた時、城を見下ろす丘から見た庭園の噴水の見事さに魅せられ、自分の城にも壮大な噴水を作りたいと思うようになりました。王がパリ中心から19km離れたベルサイユにあった父ルイ13世の狩猟用の館を城に改造するとき、ここに王の権威を象徴するような噴水を作る決意をします。

　しかし、噴水に最も大切なものは水源ですが、ベルサイユ宮殿の地は丘の上にあり、水の便がよくありませんでした。王は壮大な噴水建設のため、あらゆる手段を講じるよう、財務大臣ジャン＝バティスト・コルベールに命じます。1661年、先ず庭園のテラス（庭園周囲の分離帯）はもちろん、地下にも大聖堂を思わせるような大きな貯水池を作らせました。その水源として、城から数百mのクラニー池を利用しましたが、池の水位が宮殿の土地より20m低かったので、宮殿と池の中間にポンプ場を作り、水を塔の上の貯水槽に汲み揚げ、そこから重力流で宮殿の貯水池や噴水に水を送り、槽の水位と噴水ノズルの落差により、水を噴き上げさせました。当時、ポンプの動力は馬、風車、水車のいずれかでしたが、ベルサイユ最初のポンプは馬に垂直軸のまわりを周回させ、軸の回転をクランクで往復運動に変換し、4台のピストンポンプ（ピストンポンプは古代ローマ時代に既に存在しました）を動かしました。資③-1ところが貯水池の水はわずか30分で底をつき、池の湧水量も不足しました。そこで、王が通り過ぎる場所の噴水だけを作動させる苦肉の策をとりました。しかし、王はこれに満足しませんでした。

　コルベールが2番目にとった策は、城から4km離れたビーグル川の水を風車の動力で運ぶことでした。川からは40m以上水を上げる必要がありました。長い連続したチェーンに多数のバケツを取り付け、風車がチェーンを巻き上げ、川の水を汲んだバケツが風車の軸を越えたところで、バケツが横倒しになり、水が貯水槽に投入されます。このような風車を直列に4基連ねて、川の水を40m運びあげ、一番高い貯水槽から城まで水を流れ下らさせました。

1666 年 4 月、王はこの設備を稼働させ、およそ 10 ケ所の噴水から水が吹きあがりました。

　しかし風車はよく故障し、風が吹かないと風車が回らず、この方法も結局は失敗に終わりました。

　3 番目に実施した策は、天文学者ジャン・ピカールが、城の近郊はもちろんのこと、遠く離れた地にまで、雨水を貯める 15 の人工池を作り、それらをつなぐ水路網を整備して、重力流で水を城へ運びこみました。しかしこれも雨が降らないと水不足になりました。

　雨が降らなくても水を確保できる方法、ルイ 14 世は城の 8km 北方を流れるセーヌ川に目を付けました。それは不可能と思われる案でしたが、王は 4 番目の策として、セーヌ川のマルリーの地から城まで水を運ぶことにしました。この計画の最大の難題は、距離よりも、セーヌ河畔の高さ 160m のルーブシェンヌの丘を越えねばならないことでした。

　ルイ 14 世はコンペを催し、フランス中から知恵を募りました。起業家で、チャレンジ精神旺盛な青年、アーノルド・ド・ヴィルは、水車で駆動するポンプで丘を越える案を、モデルを使って王に説明しました。王はその案が気に入り、ベルサイユへの給水設備の建設をド・ヴィルに託しました。

　彼は、それ以前に、別の城で、水を城へポンプで揚水する機械をすでに建設した経験がありました。彼は、このプロジェクトに必要な設備を製作できる大工として、やはり揚水設備の製作経験のあるレヌカン・ヌレアムを推薦します。工事は 1680 年に始まります。

　160m の高さまで一気に水を揚げることは、ポンプ能力、管強度、フランジ継手の気密性において、当時の技術では不可能と考え、ド・ヴィルは約50m ずつ 3 段に分けて水を上げることにしました。すなわち、河畔と、丘の中腹に第 1 と第 2 の、計 3 箇所のポンプステーションと、第 1、第 2 には水槽を設けました。ポンプを駆動するのは直径 12m、幅 1.4m の水車 14 台、この水車群によりセーヌの川幅の半分が取られました。水車の回転運動を先ず水平の往復運動に変えるため、水車の車軸両端に駆動用クランクが装備され、さらにクロッシング・アーム、ロッキング・アームを介して、垂直に往復運動する複数の小型ピストンポンプを動かします。水車軸片側で 8 台のポンプを駆動するのが標準的な装備です（図 5-9）。

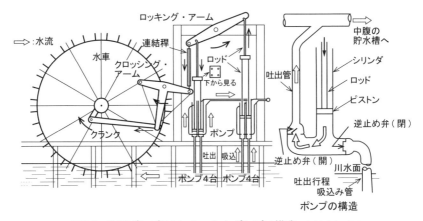

図5-9　河畔ポンプステーションとポンプの構造 資⑬を参考に作図

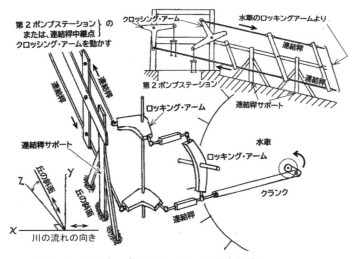

図5-10　丘のポンプステーションへの動力伝達 資⑬を参考に作図

　ポンプは、河畔に 64 台、第 1 ステーションに 79 台、第 2 ステーションに 82 台が配置されました。ポンプ吐出の多数の細い鉛製の管は太い鋳鉄製の管に合流します。

　水車の回転運動がクランクとロッキング・アームにより変換された水平の往復運動を、丘の中腹にある第 1，第 2 ステーションへ伝えるには、ロッキング・アームと「連結稈」という長いロッドが使われました（図 5-10）。こ

の連結桿の技術は、その長さは別にして鉱山の排水用ポンプで既に実績があ
りました。

　河畔のポンプステーションで川から汲み上げられた水は、外径 150mm と
200mm の鋳鉄管を並列に 5 本から 8 本組み合わせた管列で、第 1，第 2 ポ
ンプステーションを経て丘頂上のループシェンヌ水道橋の袂に達し、橋上に
ある水槽まで揚水されました。高さ 25m の水道橋は、天辺部に幅 1m、深さ
2m の水路が設けられ、距離 640m を重力流で流れ下って一旦、中継地の貯
水槽に入り、さらにそこから 7km をゆるい下り傾斜の地下水路で、ベルサイ
ユ宮殿とマリー城の高台にある貯水池に入ります。図 5-11。

　マリーの機械と揚水設備は、1800 人の作業者と 10 万トンの木材（羽根車
と架台・足場用など）、17000 トンの鉄（連結桿用など）、800 トンの鉛と鋳
鉄（管用）を要しましたが、工事期間はわずか 4 年で完成させました。

　1684 年 6 月 13 日、王の前で、怪物のようなマリーの機械が初めて運転
されました。マリーの機械は当時の世界の七不思議にもう一つ新しい不思議
を加え、当時のあらゆるガイドブックに載り、観光名所となりました。

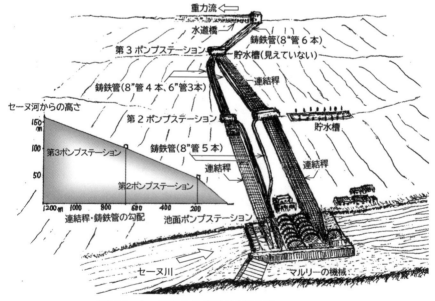

図5-11　セーヌ川からの揚水設備全容　資⑬を参考に作図

　しかし実際には、水車の羽根取付け部の不具合、回転むら、水車に関連する故障が絶えず起きたため、給水量は当初期待の 1/3 程度しか得られませんでした。

　その後、王と家臣 3000 人がベルサイユに定住するようになったため、ベルサイユの水はさらに逼迫しました。噴水の専門家であるフランシス兄弟が招かれ、通算 5 番目の策として、高台の噴水で使った水を一段低い噴水に給水し、その水をさらに低い噴水へ回し、最後は庭園内の大運河に流入させ、大運河の水を 1 基の風車と外径 150mm の鋳鉄管 4 本を以てクラニー池へ揚水して、また噴水に使うという、水循環システムを構築しました。これらの管は、人目を避けて、その殆どは地下 3m の暗渠内にあり、保守のため人が通れるようになっていて、導水管の総延長は 35km に達するということです。

　しかし、それでも、王が望む何百もの噴水を同時に作動させるに必要な 4000m³/ 時の水は得られませんでした。そこで、ルイ 14 世は大量の水を確保する最後の策にとりかかります。

　それは、ベルサイユの西を流れるウール川の流れを 80km の距離にわたって変え、ベルサイユ宮殿の近くまでもって来ようというものです。その水の量は 10 万 m³/ 時、それまでにとられた水を得る全ての手段にとって変えられる水の量です。しかし、この計画は、今日考えても実現が危ぶまれるようなところがありました。

　工事には兵士を主体とする 3 万人以上の労働力が投入されました。このプロジェクト最大の難関である、広くて、深いマントノンの谷を越えるため長さ 5km、高さ 70m、3 段積みの、とてつもない水道橋（セルビアの水道橋の高さ 28m、仏のポンジュガール 49m）の建設にとりかかります。しかし、高さ 26m の 1 段目の橋ができたところで、コレラが流行し、多くの犠牲者を出します。そこで工事を速めるため、出来た 1 段目の橋の上に、多数の鋳鉄管を並列にならべ、逆サイホンで谷を超す案に変更して工事を進めました。しかし、工事開始の 3 年後、工事は突然中止されます。1688 年、フランスはヨーロッパ諸国と戦争に突入し、2 万人の兵士が兵役に戻されたためです。

　戦争は 9 年続き、戦争が終わったあと、フランスの国庫は底をついていました。ルイ 14 世の最後の挑戦は完全な失敗に終わり、廃墟となった 1 段目の橋だけが今に残りました。

　ルイ 14 世は、54 年前に意図した壮大な噴水を遺して、1715 年亡くなりました。資⑭

(2) ベルサイユ庭園の配管

　ベルサイユ庭園の初期の管には鉛管が使用されましたが、間もなく鋳鉄管の使用が始まり、1668 年以降は大径の主配管には専ら鋳鉄管（製法は 5.2.1 項参照）を使用し、分岐管や末端の管に鉛管を使用しました。資⑦-1

　鉛管の製法は 2 通りあり、一つは古代ローマと同じように、鋳造した板を棒に巻いて管にするまでは同じですが、長手継手は端面同士を突き合わせにしてその隙間に鉛に若干の錫を加えたはんだを流し込む方法が取られたので、管断面はほぼ円形となりました。もう一つの方法は、4.2 項で述べた木製の鋳型を使い、鉛管を鋳造する方法でした。

　庭園の鋳鉄管のサイズは、内径が 150mm、200mm、300mm、480mm などがあります。継手形式はベル＆スピゴット式注（図 5-12 A 図）とフランジ式（図 5-12 B 図）がありますが、ベルサイユ庭園のフランジは配管にフランジが採用された最初のころのものと思われます。

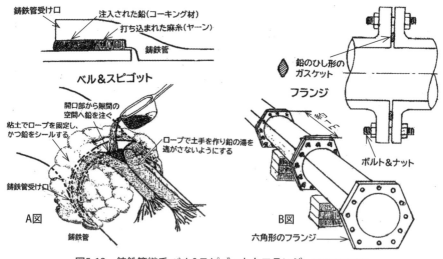

図5-12　鋳鉄管継手 ベル&スピゴットとフランジ　資⑭を参考に作図

　注：技術の歴史 8 巻 425 ～ 426 頁によると、ベル＆スピゴット継手はベルサイユの鋳鉄管より後代の、1785 年頃トマス・シンプソンにより発明されたとある。

　従来から使用していたベル＆スピゴット式（日本では印ろう継手と呼ぶ。表5-1参照）の密封性をよくするための作業手順は次の通りです。①受口に管を差し込む。②麻糸を管と受口の隙間に詰め込み、奥の方へ叩き込む。③溶けた鉛を残った隙間に注ぐとき、鉛が外に漏れないように太いロープを管に巻き、かつロープを覆うように粘土を張り付ける。④溶けた鉛を開口部から隙間空間に柄杓で注ぎ込む。

　一方、フランジの方は、相対する2枚のフランジの間に鉛のガスケットを挟み、ボルト穴にボルトを通して両側のナットをレンチで締めるだけなので（当時、頭つきボルトはなかった）、必要な道具はレンチのみでした。フランジ締結にかかる工数はベル＆スピゴット式の1/10以下になり、配管接続工事に「フランジ革命」とも言える進歩が見られました。

　ただ、麻糸と鉛を使った差し込み式は、埋設部の地盤沈下や地震による変位に順応できるため、近年まで使われていました。現在はそれに代わり、各種のメカニカルジョイントが使われています（5.2.3項参照）。

　図5-13右はベルサイユ宮殿において最大級規模の、噴水群の華とも言える「ラトナの噴水」の外観です。噴水の真下にある暗渠内にある管路の様子は図5-14のごとくで、口径は分かりません（太いものは300mm程度か）が、太い管も鉛製で、母管に分岐管をつける場合は継手部にハンダを充分にかつ滑らかに盛って取り付けられました。この蜘蛛の巣のような鉛の配管網が華麗なラトナの噴水を地下で寡黙に支え続けています。

　ベルサイユ庭園の噴水用管には多量の鋳鉄管が使われていますが、これは

図5-13　ルイ14世とラトナの噴水の外観

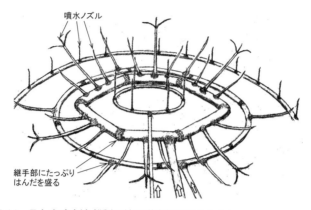

噴水ノズル

継手部にたっぷり
はんだを盛る

図5-14　ラトナ噴水池 鉛製の地下導水管のスケルトン 資⑮、⑰を参考に作図

ルイ 14 世の後押しがあったからできたことで、17 世紀においては、鋳鉄は主に大砲と砲弾の鋳造に使用され、鋳鉄管が多く使用されるようになるのは 19 世紀になってからのことでした。資⑭、③-3

5.2.3　近代の日本の鋳鉄管
(1) 材料の変遷

　1885 年（明治 18 年）、横浜に敷設された日本最初の近代的水道の鋳鉄管は国産できず英国から輸入されました。しかし、1893 年（明治 26 年）頃より、鋳型 を水平に置き、鋳鉄を注入する方法により、日本で鋳鉄管の製造が行われるようになりました。その後、鋳型を傾斜して鋳込む、斜吹鋳造法を経て、鋳型を垂直に立てて鋳込む、立吹鋳造法が開発されました。管長は最初 1 メートルに足りませんでしたが、順次長いものが製造されるようになりました。

　水道管にはその後も鋳鉄管が使われ続けましたが、1929 年、ドイツのクルップ社やマンネスマン社が低価格の引抜き鋼管を以て、日本の水道市場に参入してきました。この事態に直面し、久保田鉄工所（1890 年、久保田権四郎が創業、現在の株式会社クボタ）は種々の研究、改良を行い、当時、「強力管」と呼んだ、従来の鋳鉄の 2 倍近い強度を持ち、肉厚を 2 〜 3 割薄くできる鋳鉄管を製品化しました。後に高級鋳鉄管と名付けられ、1933 年（昭和 8 年）に規格化され、欧州からの鋼管に対抗しました。資⑯　水道業界では高級鋳鉄（図 5-15 B）に対し、従来の鋳鉄を普通鋳鉄（図 5-15 A）と呼びましたが、高級

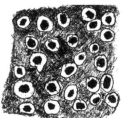

　　A：普通鋳鉄　　　　　　　B：高級鋳鉄　　　　　　　C：ダクタイル鉄
図5-15　普通鋳鉄、高級鋳鉄、ダクタイル鉄　の組織のイメージ

鋳鉄管の蔭に隠れ、1940 年頃に生産を終了しました。

　1948 年（昭和 23 年）、米国のインターナショナル・ニッケル社は溶融鋳鉄にマグネシウムを添加することで、普通鋳鉄や高級鋳鉄では片状（みみずやなめくじのような形）の黒鉛（強度がない）が球状になり、鋳鉄の一大欠点であった脆性を克服し、鋳鉄の耐食性を保持し、引張り強度 36kg/mm^2 を有するダクタイル鋳鉄[注]（図 5-15 C）を誕生させます。

　鋳造法はその後、鋳造時に遠心力を使う方法が取り入れられ始め、1935 年（昭和 15 年）には砂型遠心力鋳造法、1950 年（昭和 25 年）には金型遠心力鋳造法、同じ 1950 年に遠心力法によるモルタルライニング管の量産開始、1955 年（昭和 30 年）にダクタイル鉄管用のサンドレジン遠心力鋳造法へと進歩し、現在に至っています。[資⑱]

　ダクタイル鉄管の特許を取得した久保田鉄工は、1954 年（昭和 29 年）にダクタイル鉄管の商品化に成功し、阪神水道企業団がわが国最初のダクタイル鉄管を採用しました。以後、高級鋳鉄の水道管はダクタイル鉄管に順次切り替えられ、1970 年代後半に大阪市では水道管はすべてダクタイル鉄管になりました。[資⑲]

（2）継手形式の変遷

　地上または暗渠中の鋳鉄管にはフランジ継手が数量的に圧倒的に多く使われますが、埋設される鋳鉄管には地盤の変位に対応できる、差し込み式の継手が使われます。表 5-1 に日本の鋳鉄管の代表的埋設用継手の変遷の様子を示します。明治、大正、そして昭和 20 年代まで依然として、印ろう継手と呼ばれる、黄麻糸と溶けた鉛を使う方法が使われてきました（図 5-12A 図参

注：ダクタイル鉄ともいう。ダクタイル（ductile）は「延性がある」という意味。

照）。1954 年（昭和 29 年）に、溶けた鉛を使わずゴムを使ったメカニカル式の継手が登場して以来、技術革新が進み、様々な継手が登場します。

　現在、K 形継手が最も一般的なメカニカル式継手となっています。資⑱

表5-1　日本の鋳鉄・ダクタイル鉄管の埋設用継手形式の変遷（主なもの）　資⑲、⑳を基に作成

使用開始年	名称	概略図	説明
1885 年 明治28年	印ろう継手	鉛　黄麻糸　挿し口　受け口	麻糸を詰めた後、溶融鉛を流し込む
1814 年 大正 3年	印ろう改良形継手	鉛　黄麻糸	鉛が抜け出ないように溝をつけた
1957 年 昭和32年	メカニカルB 形継手	割輪　角ゴム輪　鉛　押輪　丸ゴム輪	初めてゴムを使用
1961 年 昭和36年	メカニカルA 形継手	ゴム輪　押輪　モルタルライニング	ゴムのみを使用
1965 年 昭和40年	メカニカルK 形継手	ゴム輪　押輪　モルタルライニング	A 形の改良型。現在も使われている。
1967 年 昭和42年	プッシュオンT 形継手	ゴム輪　モルタルライニング	小口径管用現在も使われている
1966 年 昭和41年	メカニカルKF 形継手	セットボルト　ロックリング　押輪　ゴム輪　モルタルライニング	離脱防止つき
1974 年 昭和49年	メカニカルS 形継手	押輪　バックアップリング　ロックリング　割輪　ゴム輪	耐震形。軸方向に大きな伸縮代がある。
2000 年 平成12年	プッシュオンGX 形継手	ゴム輪　ロックリング　ロックリングホルダー	耐震用施工性向上長寿命化

　異形管（鋳鉄管の管継手のこと）に印ろうやメカニカル式継手を使った管路は、異形管の壁に働く内圧により管軸方向に推力が生じるので、差し込み口が抜けるのを防ぐため、異形管部にコンクリートの打設が必要ですが、継手自身に抜けるのを防ぐ仕組みを持たせた離脱防止継手や、地震時におきる継手部の変位を吸収し、かつ離脱防止つきの耐震形継手などが 1970 年前後に登場し、その後も新しい形式の継手が次々と現れ、今日に至っています。

5.3　鋼管に先立つ錬鉄管

5.3.1　鍛接長手継手管

　18 世紀中頃に、英国、ことにスコットランド、イングランド中部において産業革命が進んだ結果、配管の世界にもその成果が顕著に表われはじめます。

　1792 年、英国人で、ボールトン・ワット商会のウィリアム・マードックが石炭を蒸してできるガスを照明に使う発明をしました。ガス灯です。同商会は、工場単位のガス灯設備の販売を始めます。

　ドイツ人の F.A. ウィンツアーは、マードックと同じころ、フランス人が開発したガス灯設備を使い、中央のガス発生所から、ロンドン市中の各需要者へガスを供給する会社の設立を考え、議会へ働きかけました。1812 年に議会の認可がおりて、ガス・ライト＆コークス社が設立されました。

　これを契機に、ガス灯はロンドンに急速に広まり始めましたが、その普及に一つ問題がありました。

　ガスを供給する主管は鋳鉄管か木管が使われ、そこから分かれて個別に配給する小径管は、鉛（板巻きのハンダ付け、または継目無）、銅（板巻きのロー付け）、または鍛接[注]による錬鉄管でした。鉛、銅管はいずれも高価なため、廉価な錬鉄管が求められました。

　中世の低シャフト炉では、管を作るほどの多量の錬鉄を生産できませんでしたが、16 世紀に水車をふいごの駆動に使えるようになると、大型の高炉が可能となり、まとまった量の銑鉄が得られるようになりました。

　そして、18 世紀後半、反射炉によるパドル法（図 5-3 参照）で銑鉄を錬鉄に変えることができるようになると、管生産に使える十分な量の錬鉄が得ら

注：鍛接（forge welding）は溶融点直下の白熱温度で圧着させる、溶接の一種である。

れるようになりました。しかし、錬鉄を管にする方法に問題がありました。

　錬鉄を管にする方法は、19世紀初頭まで非常に生産性の低いもので、ナポレオン戦争時代（1799～1815年）には、鉄砲鍛冶が小銃の銃身を作る方法と同じ方法で作られました（図5-16）。すなわち、鍛冶屋が使うむき出しの平らな小さな炉（図5-17）の上で、①幅が管の周長よりやや広く、長さが1.2mの錬鉄の板を赤熱（700～750℃）させた後、②金床の上で芯を使ってハンマで叩きながら、筒状の形にし、板の長手方向の合わせ目は突合わせ、または重ね合わせの継手になるようにもってゆきます。次に、③内径に合った芯金を入れ、白熱（1300～1350℃）させた、長さ50～60mm程度の部

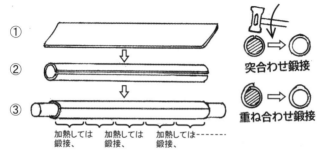

図5-16　19世紀初期までの鍛接錬鉄管の製法

図5-17　鍛冶屋の火床

分の板の合わせ面を、金床上で一体化するまでハンマでたたき、鍛接します。④その部分が終わったら、次の隣接する部分へと鍛接作業をくり返します。こうしてようやく、長さ1.2mの管が一本出来上がります。資③-4、資㉑-1

　1812年、英国人、ヘンリー・オスボーンは水車を利用して管の成形と鍛接を機械化した製法の特許を得ます。図5-18図Ⓐは鉄の帯板を曲げ、オープン・シーム管（4頁参照）に成形するところを示しています。すなわち、①管円周に見合う幅の帯板を炉で赤熱させます。②溝Aに加熱した帯板を乗せ、端部が半円の工具Bを上から押しつけ、馬、水車（後には蒸気機関）などによる回転をクランクにより前後に動かし、帯板を楕円状に成形します。③次に、曲げられた帯板を深い溝形Dに移し、工具Eで押して半円状にします。④U形になった帯板の開いた方を下向きにして、溝形Fにセットし、工具Gで押すと、開口部はすぼめられ、長手端部が重ね継手のオープン・シーム管ができきます。

　図5-18図Ⓑはオープン・シーム管の鍛接過程を示しています。Ⓐで出来たオープン・シーム管を、白熱温度の1300℃程度に再加熱後、Ⓑに示す装置の溝付きハンマJでたたいて鍛接します。ハンマの動力はⒶと同じものが使われました。資㉑-2

　なお、鍛接は鉄が軟らかくないとできないので、炭素量がおよそ0.12％以下である必要がありました。資③-8

　その後、ガス用配管の需要がますます増えたため、より効率的な鍛接管を

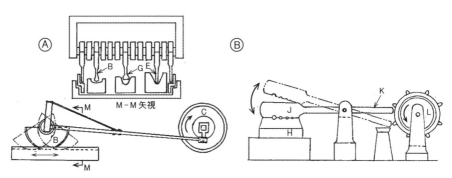

オープン・シーム管の作成　　　　　シームの鍛接

図5-18　オスボーンによる鍛接管製造の機械化　資㉑-2、㉒を参考に作図

つくる特許が幾つか出されましたが、いずれも実用化まで至りませんでした。

　この状況を打ち破ったのは、英国人コーネリウス・ホワイトハウスが考えた、高い圧力に耐え、精度・品質がよく、かつ、迅速に、コストも安く管を製造できる設備でした。

　ホワイトハウスは1795年、英国バーミンガム近郊のオールドベリで生まれました。父親のエドワードは、剣を作る熟練した鍛冶職人で、ナポレオン戦争で剣の需要が高かった時期に、品質のよい剣を作っていました。

　コーネリウスとその兄弟は、バーミンガムの作業場で、父親と一緒に働き、彼らは能力を発揮して、やがて剣と鉄砲鍛冶の熟練工になります。

　ホワイトハウスは斯界に知られる職人となり、政府の剣検査官の職を勧められましたが、それを断りました。ナポレオン戦争後、銃と剣の需要が落ち込んだので、彼らは、刃物メーカーのギルピンのもとで働きましたが、4年後、ホワイトハウスは、バーミンガムの北西10キロのウェンズバリでエドワード・エルウェルが経営する刃物メーカーに移りました。

　同じウェンズバリに住むジェームス・ラッセルが時折ハンマ打ちした銃身や管をここへ持ち込んで、研削仕上げを委託していました。ジェームスは兄のジョン・ラッセルの工場で銃身や管を作っていましたが、1823年に独立し、ウェンズバリにクラウン・チューブ・ワークス社を設立していました。

　ラッセルの持ち込んだ、できの悪い管を仕上げる仕事は、ホワイトハウスにとって骨の折れる作業でした。そこで、もう少しましな管ができないものかと、考えているうちに、一つのアイデアが浮かびます。刃物メーカーが鍛造の時に使っている大型の炉は、管の材料となる細長い板全体を鍛接に必要な温度に、1回の加熱で、できることに目をつけました。そして、その加熱した帯板の一端を掴んで、金属製の孔（ダイス）を通して引き抜けば、長い管を一気に作れるのではないかと考えました。ホワイトハウスは自分のアイデアを確かめるため、やっとこ（金鋏み）の先に円錐形の二つ割れのリングを取り付け、小さな鉄片を加熱し、その先端をリングに通し、同僚の手も借りて引き抜くと、先端部は徐々に円弧状に変形してゆき、リングから出るときは、継目がどこなのか分からないほどの出来栄えになりました。そのサンプル管をエルウェルに見せたところ、それをジェームス・ラッセルのところへ持って行くように促したと言われています。これを検分したラッセルは、

この設備で鍛接管をつくれば、コストと品質でだれにも負けない管が作れるはずと直感します。

　ラッセルはホワイトハウスに特許を申請するように勧め、この発明を無条件に譲渡してくれれば、特許にかかる費用と特許期間中は年に 50 ポンド支払い、クラウン・ワークス社の支配人になってもらうことを提案しました。

　ホワイトハウスは 1824 年、ラッセルの助けを借りて、この製造法の特許を申請し、1825 年 2 月 26 日に特許が認められました。その特許の内容は、まずプレスでオープン・シーム管をつくり、それをダイスで引き抜いて長手継手 を鍛接するというものです。資㉑-3

　オープン・シーム管は、管の円周寸法に見合う幅の帯板を赤熱するまで加熱し、図 5-19 のように、U 字形の溝を設けた台上に乗せ、上から管内径と同じ心金を押し付け、板を U 字形に曲げたのち、上からくさび形の工具を差し込むか、蝶番式の上蓋を閉じる（図省略）かして作ります。1 回の加熱でここまで終わらせます。次に鍛接の工程に入ります。この管の半分の長さを加熱炉の中に入れ、溶解寸前の 1300 〜 1350℃になったら引き出し、図 5-20 のように、加熱した部分がダイスにかかる直前で止めます。この移動の間、上下ダイスの間隙は、右半分の加熱してないオープン・シーム管が楽に通れるようにスプリングにより広げてありますが、ここで、ねじにより上下ダイスを熱いオープン・シーム管に押し付け、オープン・シーム管の右端をトング（管の端を掴む鋏状のもの）で掴み、チェーンで引張ります。チェーンは、最初は人力でハンドルを操作して動かしましたが、後には、水車や蒸気機関

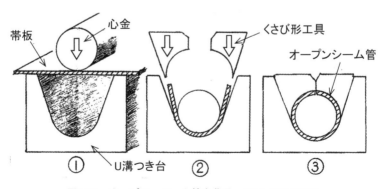

図5-19　オープン・シーム管を作る　資㉑-5、㉔を参考に作図

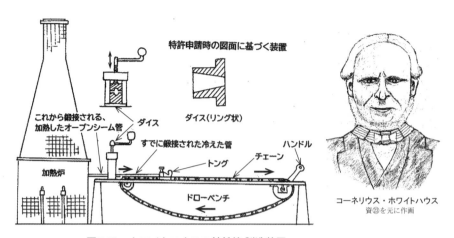

特許申請時の図面に基づく装置

ダイス（リング状）

これから鍛接される、
加熱したオープンシーム管

ダイス

すでに鍛接された冷えた管

加熱炉

トング

ハンドル

チェーン

ドローベンチ

コーネリウス・ホワイトハウス
資㉔を元に作画

図5-20　ホワイトハウスの錬鉄管 製造装置　資㉑-4,㉕を参考に作図

で動かすようになりました。半分の長さの鍛接が終わると、反対側の半分を
炉に入れて加熱後、鍛接済の管の端部を掴んで引張り、前と同じ要領で残り
半分を鍛接します。資㉑-5

　ホワイトハウスの発明はクラウン・チューブ社に移った後も続きます。ベ
ンドやT（ティ）などの管継手の加工法を考案し、管継手の端部内面に機械

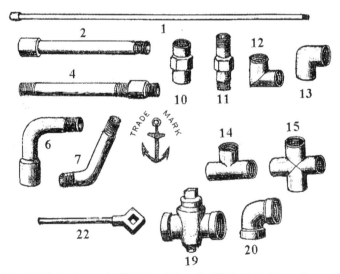

TRADE MARK

図5-21　1899年のチューブ、管継手のカタログ（英国　クラウン・チューブ社）

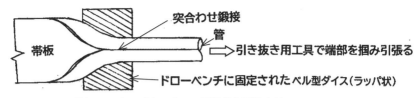

図5-22　ホワイトハウスの最終的な製管方法　資⑪-5、㉖を加工

加工によるねじを付けました。このようにしてクラウン・チューブ社は図5-21に示すように管の他に、ねじ込み式管継手を製造販売しました。

　錬鉄管時代の管継手は錬鉄または鋳鉄製で、継手（joint）はねじが基本でした。フランジもありましたが、フランジと管の接続はやはりねじ継手を使っていました。

　1840年、ホワイトハウスは鍛接管の製造法にさらに改良を加えます。初期の円錐型のダイスを、図5-22に示すようなラッパ形をしたダイス（ベルダイスと呼ぶ）に代えることにより、帯板の両脇を予めちょっと曲げておくだけで、白熱した帯板の端を掴みベルダイスを通すことにより、帯板はダイスの壁により円筒状に曲げられ、出口部で板の端面同士に強い圧縮力が加わって、突合わせ鍛接されます。この「ベルダイス法」により、従来のプレスによる管の成形工程と管を長さの半分ずつ分けて引抜く鍛接工程のすべてが、1回の引抜きで済むようになりました。ただ、1回の引抜きによる鍛接は軽度であったため、堅固な鍛接と仕上げ（スケール落としと外径仕上げ）のため、さらに3回引抜きを行いました。

　クラウン・チューブ・ワークス社の新しいチューブは、従来品に比べ長さが2倍で値段が半分、しかも、より高い圧力に耐えることができました。従来の製法の一人一日の生産高は、長さ1.2mものが25本でしたが、新しい方法では長さ2.4mものが200本と飛躍的に増大しました。この方法はホワイトハウス法として定着し、その後、100年間踏襲されました。資㉑-6

　このようにして、クラウン・チューブ・ワークス社は、順調に業績をのばし、ヨーロッパ各地にチューブや管継手を輸出し、世界的にも名が知られるようになっていきました。

　しかし、不幸なことに、この成功には代償が伴いました。まだ昔ながらの製法を使っていた他の製造業者や伝統的なチューブ職人は、この会社の新し

い製法のために、職を失ったとして、会社やホワイトハウスに怒りをぶつけました。ホワイトハウスは、敵対するデモ隊から発砲されることもありました。そのため、彼は弾を装填した銃をいつも傍らに置いていました。

　ラッセルは、敵意をもった群衆が工場内へ入れぬように、また、製法の秘密を盗まれないように、工場の周りに高いレンガ塀を築き、その天辺に鉄釘を連ねて植え付けました。ノンフィクション作家のフレデリック・ハックマンは、「スパイと思われる何人かが、製法が観察できるのではないかと思い、工場に隣接する何軒かの家を借りたことさえあった」と書いています。

　またラッセルは、1830年から1845年まで、彼の特許を侵害しようとする競争相手と常に係争状態にあり、係争に要した費用のため思うほど利益は得られませんでした。

　1838年、英国の特許の有効期間が延長され、ラッセルはホワイトハウスに延長期間、6年間の特許使用料として年500ポンドを彼に支払うことで同意します。その後、ホワイトハウスは、ラッセルの息子の一人と対立し、会社を去ることになります。クラウン社を辞めたホワイトハウスは1849年、自分の全財産をつぎ込んでグローブ・チューブ・ワークス社という管を製造する合本会社を作りましたが、不幸なことに、彼は経営に長けていませんでした。数年で、彼は潤沢にあった資金を失い、会社を他人に譲り渡しました。ホワイトハウスの最後の起業は、銀食器の製造業でしたが、1863年、機械の組立て監督中に左手を負傷して不具者となり、働けなくなってしまいます。1883年、彼は貧困の内に88歳でなくなりました。

　一方、ラッセルの、クラウン・チューブ・ワークス社は、町で最も重要な企業に成長し、1849年、ジェームス・ラッセルが死ぬまで、工場のおよそ200人の人間が、年に1200kmを越す管を生産しました。

　彼の死後、工場は息子のジョン・ジェームス・ラッセルによって引き継がれ、1871年には年2000kmを越える管を生産しました。そして、ウェンズバリーは「管の街"Tube Town"」と呼ばれるようになりました。

　しかし、その後、次第に会社の士気が衰え、熟練職人が去ってゆき、1926年、ジェームスの兄のジョン・ラッセルの会社に吸収され、さらにこの会社も、急速に生長してきたスチュアート・アンド・ロイド社に吸収されてしまい、ジェームス・ラッセルの会社は100年の栄光に幕を降ろしました。資③ -5、㉗

　今でもウェンズバリには、かつて世界最大を誇った製管工場の跡地が荒漠とした空地として残っています（1966年当時）。

5.3.2　蒸気機関用管

　18世紀になると、蒸気を動力に使うアイデアが生まれ、1712年にニューコメンが発明した蒸気機関が鉱山の湧き水を汲みだすポンプなどの駆動に使われました。しかし、非常に効率の悪い機関でした。

　1769年、ジェームス・ワットがボイラで発生した蒸気にシリンダで仕事をさせたあと、別置の復水器で蒸気を冷やして水に戻すと同時に圧力を真空にする技術を発明して、出力と効率が向上し、蒸気機関の小型化が可能となりました。これにより、馬力、水力、風力に代わって蒸気機関が動力の主役となる時代がやって来ます。ワットは、ドラムやチューブの耐圧強度を心配して、50kPa（0.05MPa）以上での使用を許さなかったということですが、1800年にワットの特許が切れ、高圧化への道が開けます。

　1810年ごろ、米国のオリバー・エヴァンズと英国のリチャード・トレヴィシクは相次ぎ、独立で、圧力0.35MPaの蒸気で機関を動かし、1830年代には圧力が0.5～0.6MPaに達しました。資㉘

　ホワイトハウスが鍛接管製造法の特許をとった1825年、英国で世界最初の、蒸気機関車が引張る客を乗せる鉄道が開通します。蒸気機関車のボイラは、ドラムに蒸気となる水を入れ、その水の中を、石炭を燃やした高温ガスが通る管をいれて、水を加熱し、蒸気に変える多管式ボイラでした。最初のボイラは火炎ガスが通る太い筒（炉筒という）1本のみでしたが、蒸発量を増やすため、それが2本となり、その後、加熱面積を増やすため、火炎ガスが通る通路は直径50mm程度の細管（煙管という）となり、その数が、25本、88本、132本、250本（19世紀末）とどんどん増えていきました。その結果、ボイラ用チューブという新しい需要が生まれます。

　ホワイトハウス発明の突合わせ鍛接管は、20世紀に入ってからも使われていましたが、欠点がありました。帯板の幅が大きくなると、溶融温度直下の高熱に熱せられ軟らかくなった板を図5-22のダイスで引き抜くと、突合わされるエッジが内側にたるみ込み、突合わせ鍛接が困難になりました。その結果、この方法は外径80mm程度が限界となりました。また、突合わせ鍛接による

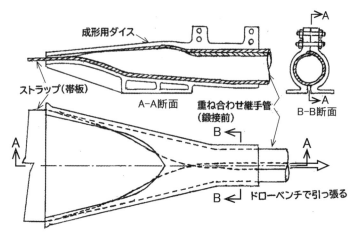

図5-23A　重ね合わせ長手継手鍛接管の成形と鍛接（ステップ1）　①　資③-7、㉕を参考に作図

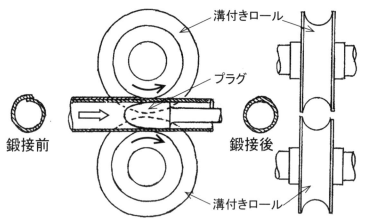

図5-23B　重ね合わせ長手継手鍛接管の成形と鍛接（ステップ2）　②　資⑪-4、㉚を参考に作図

長手継手部は母材部に比較し、強度が低い欠点がありました。資③-6、㉑-7

　そのため、突合わせ鍛接管の欠点を軽減できる、重ね合わせ鍛接継手の管を作る方法が幾つか試みられました。その中にあって、後に標準的な製法となったのが、図5-23A、Bに示すような方法です。すなわち、管の周長に等しい幅の帯板を赤熱状態（700 ～ 750℃）に加熱し、図5-23Aのようにその一端を掴み、ドロー・ベンチで成形ダイスを通過させて引き抜くと、長手

継手部が重ね合わせた状態のオープン・シーム管になります。これを白熱の鍛接温度（溶融点直下）まで加熱した後、図 5-23B ののように、半円形の溝のある圧延機で、管中にプラグを置いて圧延し、重ね部を圧着、鍛接すると、重ね合わせ鍛接継手の管ができあがります。

　19 世紀後半になると、煙管の主流は銅管から鍛接管になりました。しかし、1855 年にベッセマーの転炉法、1864 年の平炉法が開発され、鋼が製造しやすくなると、錬鉄製の鍛接管から鍛接鋼管へと徐々に代わってゆきます（6.3 項参照）。

5.3.3　大径管

（1）リベット継手管

　口径が比較的小さい管は、以上述べたように、突合わせまたは重ね合わせの鍛接で作られましたが、径の大きな錬鉄管は、図 5-24 の⒜（第 1 章の図 1-24 も参照）に示すように、錬鉄の板を管形に曲げた後、板エッジ部同士をリベットで接合して、長手継手とし、隣接する管との周継手を図 5-25 のようにリベットで接合しました。1873 年、米国ネヴァダ州のゴールドラッシュの町、ヴァージニア・シティに送水する径 290mm の錬鉄管は 5.6MPa の圧力を受けましたが、これは当時の管路が受けた最大圧力でした。資㉛

　また、図 5-24 の⒝に示すように、細長い錬鉄の板をらせん状に巻き、らせん状継手（スパイラル・シーム）をリベット接合するスパイラルリベット継手管もありました。

　鋼管のリベット管については、第 6 章 6.3 項を参照願います。

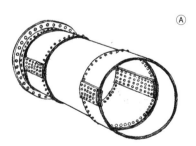

周・長手・フランジ継手の例

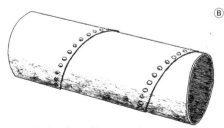

1800 年ごろ英国で使われていた
リベット継手スパイラル錬鉄管

図5-24　リベット継手管　資㉜を加工

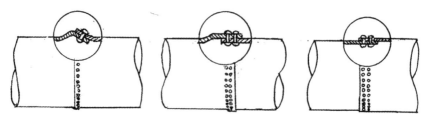

図5-25　リベット周継手の例 資㉜を加工

（2）重ね合わせ鍛接継手管

　外径が 400mm を越える場合でも長手継手を鍛接による製造法がありました。板を、ピラミッド状に配置した3ケのロールの間を通して、円弧状に曲げ、板エッジ部の合わせ目の長手継手（ストレート・シーム）の部分を重ね合わせ、この部分をバーナーで白熱温度まで加熱し（1回の加熱長さ 450mm）、加熱した部分を圧縮ハンマ（または水圧プレス）により、管内面にセットしてある金敷の上から、重ね部を打撃（またはプレス）して鍛接します。

　また 1854 年、英国のワイルド・チャイルヅ Jr. は、錬鉄の板を成形したスパイラル管のらせん状継手（スパイラル・シーム）を鍛接することによる製管法の特許を取得しました。ストレート・シームの場合も、スパイラル・シームの場合も、鍛接する長手継手部の形状は、板両端の断面を斜めに削ぎ、端と端の面をピッタリ重ね合わせて鍛接しました。資⑪-1

　スパイラルのアーク溶接管が実用化されるのは時代が下って、1930 年代後半になってからのことです（6.5.3 項参照）。

　1855 年のベッセマー法と 1864 年の平炉法の発展と共に、錬鉄は次第に鋼鉄の陰に隠れていきます。米国で最初の鋼鉄製の給水本管が敷設されたのは 1860 年ごろのことでした。資㉛

第5章 出典・引用資料

①古代のレン炉から近代製鉄法までの歴史　技術の歴史　製鉄技術史（1）　明治大学
　　http://www.isc.meiji.ac.jp/~sano/htst/History_of_Technology/History_of_
　　Iron_19990324.html
②永田和弘：人はどのように鉄を作ってきたか、ブルーバックス　講談社　（2017）
　　-1:67 頁、-2:75,76 頁、-3:88 頁、-4:91 頁、-5:103 頁
③今井 宏：パイプづくりの歴史、アグネ技術センター　（1998）-1:20 頁、
　　-2:30,31 頁、-3:49 頁、-4:81~84 頁、-5:87~90 頁、-6:96 頁、-7:97 頁、-8:156 頁

④ Blooms snd Bloomeries
https://www.tf.uni-kiel.de/matwis/amat/iss/kap_a/illustr/ia_2_4.html
⑤ジョーゼフ・ニーダム　中国の科学と文明　第8巻、中岡哲郎訳　新思索社
　182~187頁
⑥剣持一心：イギリス産業革命史の旅、日本評論社　（1993）
⑦永田和弘：たたら製鉄の技術論、アグネ技術センター　（2021）-1:41頁、-2:136頁
⑧C.J.シンガー編　田辺振太朗訳：技術の歴史　第5巻、筑摩書房　28頁
⑨鉄を作るプロセス、化学工学会
https://www.scej.org/docs/higher/highschool-web/iron%20production%20youshi.pdf
⑩「鋳型」日本大百科全書　小学館
⑪今井　宏編：文献 鋼管技術発展史、自家出版　（1994）
　-1:15頁、-2:117頁、-3:115~117頁、-4:118~119頁、-5:158頁、-6:342頁
⑫H.レッツオリ：鋳鉄管―その発達の歴史、（1952）
⑬Wikipedia Machine de Marly　https://fr.wikipedia.org/wiki/Machine_de_Marly
⑭地球ドラマチック ベルサイユ庭園の噴水建設秘話　NHK BS プレミアム
　2020年11月21日放送（フランス製作：VERSAILLES AN UNDERGROUND
MEGASTRUCTURE の日本語版）
⑮ Bassin de Latone　https://andrelenotre.com/2014/05/18/bassin-de-latone-
jardins-de-versailles-vue-en-coupe-de-la-salle-interne-de-laraignee-et-des-
canalisations/andrelenotre-com-1248/
⑯日沢井　実：日本の企業家　久保田権四郎、PHP　（2017）　　95,96頁
⑰https://i.ytimg.com/vi/f_4R5jiOuv4/mqdefault.jpg
⑱難波　徹：鋳鉄管とダクタイル鉄管の歴史、配管技術研究協会誌　2001年秋季号
⑲荒木貞行：大阪市における鋳鉄管の変遷、ダクタイル鉄管 平成7年10月 第59号
⑳ダクタイル鉄管ガイドブック　第1章ダクタイル鉄管の歴史　日本ダクタイル鉄
　管協会　　https://www.jdpa.gr.jp/image/top/banner02.png
㉑三谷一雄、日下部良治：鍛接管と電縫管　その発展と歴史、コロナ社　（1986）
　-1:6頁、-2:7~10頁、-3:18~22頁、-4:21頁、-5:22頁、-6:24頁、-7:60頁
㉒Edward C.R.Marks　The Manufacture of Iron and Steel Tubes
The Technical Publishing Company Ltd.　1903　　Internet Archive　2,3頁
㉓Cornelius Whitehouse　Wolverhampton History
http://www.historywebsite.co.uk/articles/Wednesbury/Whitehouse.htm
㉔A.Bousse：Stahl und Eisen,25（1905）,S1116
㉕C.Whitehouse：British Patent No.5109　1825
㉖B.P.ブランナー：溶接鋼管製造法―鋼管と鋼管製造法（2）、
　Iron Age　1943　Dec.23　62~66頁
㉗B.ホークリイ：コーネリウス・ホワイトハウス伝、Iron & Steel　May 1968
　193~196頁（⑪に掲載されている）
㉘C.J.シンガー、田辺振太朗訳：技術の歴史7巻、筑摩書房　139頁
㉙Stahl und Eisen,34（1914）,3
㉚V.ビュートナー：鍛接管の製造法―米国の鍛接管工場、Iron Age 73（1904）Vol.1
㉛C.J.シンガー、平田　寛訳：技術の歴史10巻、筑摩書房　461頁
㉜FRED C. SCOBEY：THE FLOW OF WATER-IN RIVETED STEEL AND ANALOGOUS PIPES、
　米国農業 1930　https://naldc.nal.usda.gov/download/CAT86200144/PDF
㉝Scientific American　1903年12月12日号表紙　　Internet Archive
㉞樋口喜彦：鉄の製錬の歴史、まてりあ　第58巻第10号　（2019）
　https://www.jstage.jst.go.jp/article/materia/58/10/58_544/_pdf
㉟Crucible steel-Wikipedhia　https://en.wikipedia.org/wiki/Crucible_steel

第６章　鋼管の歴史

鍛接管　資㉕より作図

マンネスマン兄
資⑦-1より作図

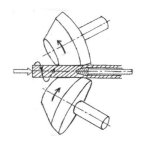

継目無管　資⑤より作図

ピルガー・ミル　資⑦-6より作図

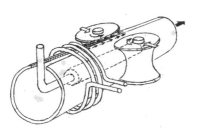

電縫管　資③-7より作図

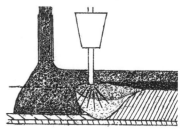

潜弧溶接管

6.1 錬鉄から鋼鉄の時代へ

1830年代から1840年代へかけて英国で起こった鉄道ブームにより、錬鉄の需要が急速かつ大幅に増えました。鋼は強度に優れていますが、転炉ができるまでは、5.1.2項で述べた「るつぼ法」や日本の「たたら製鉄」のように少量の鋼しか作ることが出来ず、管を作るには生産量が少なすぎました。

1851年のロンドン万国博覧会にドイツのフリードリッヒ・クルップ鋳鋼工場は、重さ2トン以上の鋳鋼インゴットを出品して世界を驚かせました。

クルップは98個のるつぼで同時に作った溶鋼を一つの取鍋（とりべ）に注ぎ、鋼塊を鋳造したのです。さらにそういった鋳鋼を使った圧延ロール、機関車の車軸、砲身などを展示し、鋼は刃物、工具のような小物用であるという従来の常識を覆し、大型機械や装置にも鋼が使用できる期待を世界に抱かせました。資③、①-3

1850年のころの世界最大の鉄の生産国は英国ですが、鉄の年生産量250万トンの殆どは錬鉄、一部が鋳鉄で、鋼はまだ6万トンを越えていませんでした。それは、いま述べたように鋼の生産能率が悪く、生産コストが高かったことによります。資⑫-1

1855年にベッセマー転炉、1864年に平炉、1878年にトーマス転炉という精練炉が登場すると、効率的に鋼を造ることができるようになったため、鋼は錬鉄よりコストが安くなり、しかも鉄道ブームで需要の高かったレールにおいて、錬鉄の耐久性が鋼の1/15 ～ 1/20程度（鋼の寿命3年、錬鉄の寿命4～5ケ月という説もある。資㊹）しかなかったため、鋼鉄が錬鉄にとって変わってゆきます。

世界の鋼生産量は1870年に50万トン強でしたが、1900年には一挙に2800万トンに達しました。内訳は米国1140万トン、ドイツ800万トン、英国490万トンで、大西洋を渡り米国が世界の先頭に立ちました。資⑫-2

鋼管の世界では、1887年、米国のリバーサイド製鉄所が鋼板製の鍛接管の製造に成功します（6.4項参照）。鍛接鋼管は長期間かつ広範囲に、鉄製管の主流として使われますが、やはり長手継手部に強度的な弱点があったため、ボイラの高圧化、油井の深度化などの要請に応えて、信頼性の高い継目無鋼管が1900年ごろに、そして、コスト・パフォーマンスのよい電縫鋼管が1930年ごろに実用化されました。また、石油および天然ガス用の大径ラ

インパイプの需要から、潜弧溶接による大径の溶接鋼管が 1940 年代に実用
化され、今日に至っています。

6.2　継目無鋼管

6.2.1　初期の継目無鋼管

　継目無鋼管の製品化が最初に市場から求められたのは、自転車業界からで
した。1860 年から 1900 年にかけ、欧米に自転車ブームが訪れていました。
　自転車のフレームに使用する管は細くてかつ強度を求められましたが、錬
鉄管は強度が十分でなかったので、継目無鋼管が必要になりました。さらに、
その後の産業の発達、特に蒸気ボイラの高圧、高温化により、信頼性があり、
過酷な使用条件に耐える継目無鋼管の必要性がますます高まっていきます。
　しかし継目無鋼管の製造法は 19 世紀中ごろまでは、図 6-1 のように、鋼
板をプレスで、浅い鍋状にしてから深いコップ状へと段階的に凹に絞ってゆ
くカッピング法と、図 6-2 のように、丸棒の鋼材をドリルまたはポンチで小

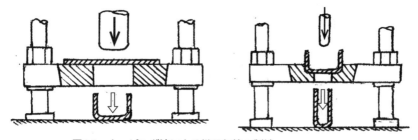

図6-1　カッピング法による継目無管の製法　資①-14、㊴より作図

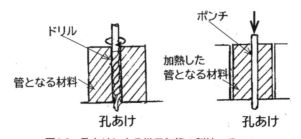

図6-2　孔あけによる継目無管の製法　その1

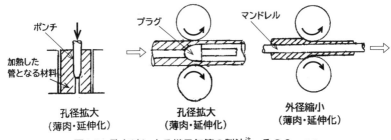

図6-3　孔あけによる継目無管の製法[注]　その2　資③-1

さな孔をあけ、次に図 6-3 のように、太いポンチ、プラグ、マンドレルなどで、外径、厚さを小さくし、長さを延伸させてゆき、管とする方法でした。しかし、これらの方法は手間と時間、そしてコストがかかるため、量産には向きませんでした。

6.2.2　マンネスマンの傾斜圧延穿孔法

　このような情勢にあった 1886 年、ドイツのレムシャイドという工具産業誕生の地と呼ばれる町で、ラインハルト・マンネスマンとマックス・マンネスマンの兄弟（図 6-4）が傾斜圧延穿孔法という、当時の人々には思いもつ

父 老ラインハルト　　　　兄 ラインハルト　　　　弟 マックス

図6-4　マンネスマン親子　資⑦-1より作成

注：図 6-3 におけるポンチはプレス機械に使うもので、先端が弾頭のような形状をした丸棒で、これをプレスで金属に押し込んだり穴を開けたり広げるために使います。プラグは丸鋼の穿孔、孔の拡大や中空素管の圧延に使うもので、弾頭のような形をしており、その後ろにつながる細い丸棒により支えられています。管内面に筋状の疵をつけやすい欠点があります。マンドレルは管の圧延に使うものですが、弾頭の形の部分のない丸棒で、外から管にかけるロールの圧力に対抗します。プラグと違い加工時に管内面に疵をつけません。

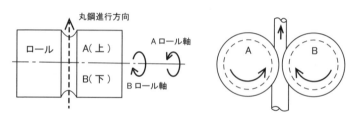

図6-5　通常の圧延方法

かない方法で継目無鋼管の製造を成功させます。

　それまで丸鋼や管の圧延などに広く用いられていたのは、反対方向に回転
する一対のロールに、素材をロール軸と直角に挿入する方法（図6-5）でし
たが、「傾斜圧延（cross rolling）」は同じ方向に回転する対の2本のロール
が互いに小さな角度をなして交叉し、高温の丸鋼をロール軸と同じ方向に挿
入し圧延する方法です（図6-6）[注]。

　マンネスマン家は代々やすりを主製品とする鍛造工場を経営していました。
英国から購入した、やすりの材料となる圧延された丸棒には時折、中心から
始まる放射状の亀裂（図6-6下の図参照）が入っており、ひどい場合には穴

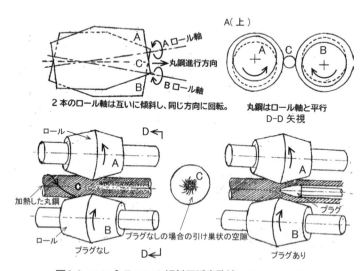

図6-6　マンネスマンの傾斜圧延穿孔法　資③-2、㉖より作図

注：傾斜圧延法はマンネスマンの穿孔機が最初ではなく、当時存在した丸鋼や管を整形するためのリー
ラは傾斜圧延法でした。

が軸方向に貫通していました。そのため、マンネスマン兄弟は丸鋼を自分の工場で製造することとし、英国式のリーラ（図6-13参照）を使って製造したところ、やはり同じような欠陥が出てしまいました。その後も、繰り返し同じ現象に出会うため、傾斜圧延すると偶発的に起きる、芯に引け巣のような穴ができることを、意図的に起こさせて丸鋼に穴が開けられないかと、逆転の発想で考えました。兄弟の父親がかつて小銃の銃身用に継目無管の開発に取り組んだが失敗したと聞いていたことが、彼らの記憶にありました。兄弟はやすり工場で働く人たちにも見えないように、圧延機の周りに板囲いをし、工場の稼働が終わった夜間に内密に、条件を変え、多数の実験を繰り返しました。悪戦苦闘の末ついに、図6-6の右下の図に示すような小さな穿孔機から、赤熱した丸鋼[注]に穴の開いた最初の管を得ることができました。その幸運は1886年8月21日から22日へかけての午前3時半のことでした。その夜、兄弟は穴の開いた管を持って飛ぶように父親の家へ駆けつけました。その時の一家の喜びはいか程のものであったでしょうか。[資⑦-4]

　これに先立ち、兄弟は1885年1月に特許を申請し、1886年3月に認可されました。その特許には「まず、圧延される金属片の外面組織に縄のような捻じれを与える。このために金属片は2つまたはそれ以上のコーン（円錐）形のロールによって回転と前進が与えられる」とあります。ロールは図6-6のように、末拡がりと末がすぼんだコーンを合せたバレル（樽）形をしており、これに種々の角度のらせん状の溝がついています。バレル形をしているのは、最初のコーンでできた管表層部の捻じれを次のコーンで緩和するためと考えられています。[資⑦-5]

　「1回の工程で継目無鋼管ができる」というマンネスマン穿孔法のニュースは業界を驚かせました。後年、1893年にエジソンがシカゴ世界博覧会を見学した後、「一番強い印象を受けたものは何ですか」と聞かれて、即座に「マンネスマンの継目無鋼管」と答えたそうです。[資⑫-3]

　この劇的な成功の後、傾斜圧延穿孔法（以下、「マンネスマン穿孔法」と呼ぶ）が順調にいったかというと、なかなかそうはいきませんでした。傾斜圧延によりなぜ穿孔されるのか、という原理が分かっていなかったため（1890

注：丸鋼や素管を赤熱状態の高温で加工することを「熱間加工」といい、穿孔や大きな減肉率を必要とするとき採用され、熱間加工された管を、改めて常温で加工することを「冷間加工」といい、外径や厚さの修正、表面仕上げをする時に採用されます。製管において冷間加工は必要に応じて追加されます。

年から40年間近く色んな原理が発表されました）、製造する管の仕様が変わるたびに、その仕様に適した作業条件を探すのに、大変苦労をしました。資①-9

　このように、製品化するのに四苦八苦している状態でしたが、特許の公示があって間もなく、宣伝の効果もあって、発明家の兄弟のもとに多数の実業家から鋼管製造工場建設への参加申し込みが来ることになりました。こういった実業家と銀行の資本援助を得て、1886年と1888年に兄弟はドイツ国内に二つの鋼管工場を建設しました。資①-11

6.2.3　ピルガー・ミルによる圧延

　傾斜圧延による穿孔で作られる管は比較的、短くて厚い管（たとえば、外径57mm、厚さ9.5mm、長さ約90cm）でした。しかし、市場が求めるもっと薄くて長い管（たとえば、外径34mm、厚さ3.2mm、長さ約4m）を製造する必要がありました。そしてその要求を満たす方法が試みられました。中空素管に砂などを詰め両端を閉じて、圧延する試みでは、熱で湿気が蒸発し、たびたび爆発事故を起こし、危険なため中止しました。

　次に、厚肉で長さの短い中空素管に中実の棒（マンドレルという）を挿入して、熱間傾斜圧延で引き延ばす試みがなされました。しかし圧延後冷えると、焼き嵌めしたようになって、棒を取り出すことができず、これも失敗に終わりました。

図6-7　ピルガー・ミルによる製管作業　資⑦-6より作画

　そして、マックス・マンネスマンがたどりついたのが、傾斜圧延法とは全く異なる、ピルガー法という、厚さを減じ、長さを伸ばす卓越した新しい圧延方法でした。資⑦-6

　ピルガー法は、マンネスマンが傾斜圧延法の特許を出す40年以上前に存在した技術ですが、マンネスマンがこれに改良を加えた結果、現在、ピルガー・ミルと言えば、マンネスマンが改良したミル注を指します。その名の由来は、ルクセンブルグ（ドイツに隣接する小国）で行われるお祭り、「ピルグリム」の行進は2歩前進、1歩後退を繰り返すもので、それがピルガー・ミルで管を前後に動かす作業者のステップに似ていたことによります。資②-1

　1890年代のピルガー・ミル稼働の様子を当時の映像（インターネットの動画）や写真で見ると、3人の職工が管を抱えて、1分間に50回程度前後に動かす作業をやっており、大変な労力であることが分かります（図6-7）。この作業は1930年代に機械化されました。

　ピルガー・ミルの、非常に特徴のある形状の溝型ロールによる、マンドレルを挿入された素管の加工過程を図6-8に示します。図6-8の上の図はロールの各位置におけるロール溝の深さを示し、中の図はロール各位置を水平に展開した各位置の溝深さを示し、下の図は圧延の各過程におけるロールの位置と素管の圧延状態を示しています。ロールの0の位置において、半円状の溝を持つロールが加熱された素管に食い込み始め、ロールの加工部で素管を所定のサイズに圧延し、凹凸を均し、ロールの8の位置で、仕上げを終了します。素管がロールの9から18に至る遊び部に入っている間に、素管とマンドレルは次の加工の起点0の位置まで、素早く前進（「ピルグリム」の前進にあたる）して、素管の次の部分の圧延に入ります。このように「2歩前進、一歩後退」を繰り返しながら、素管の圧延が進んでいきます。資②-2、⑬

　マンネスマン方式の製管は、マンネスマン穿孔法とピルガー・ミルの組み合わせにより、管を大量生産できるようになりました。

　また、マンネスマン穿孔法は、継目無鋼管の第1工程として、この後も長く活躍を続けます。そして、第2工程としての圧延ミルは、1903年にオートマチック・ミル（6.2.6項）が実用化され、普及した米国を除き、ヨーロッパでは引き続きピルガー・ミルが使われました。

　注：ミル（mill）にある「すりつぶす」という語源から、製粉設備や圧延設備を呼ぶのに使われます。

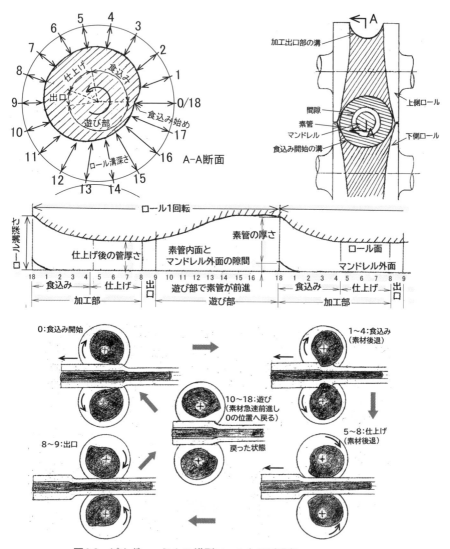

図6-8　ピルガー・ミルの 溝型ロールと圧延過程　資①-11、㉝より作図

6.2.4　エルハルト穿孔法とプッシュベンチ製管法

　マンネスマン兄弟が傾斜圧延穿孔法の特許を取得してから5年ほど経った1891年に、全く別の穿孔法が開発されました。

　ドイツの発明家で実業家のハインリッヒ・エルハルトは水圧プレスを使っ

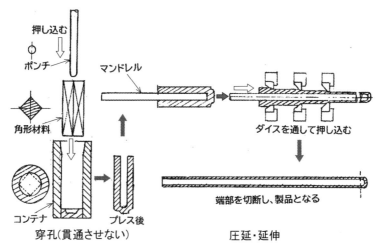

図6-9　エルハルト・プッシュベンチ製管法　②-12、㊲, ㉛より作図

た穿孔法の特許を取得し、砲弾の殻を製作しますが、これを発展させて管の製造を行うエルハルト・プッシュベンチ製管法を開発しました（図 6-9）。エルハルト式穿孔法は、加熱した角形のビレットを円筒形のコンテナに入れ、水圧プレスで円筒形のポンチを押し込み穿孔しますが、特徴は出来上がった中空素管の末端を閉じたまま残すことです。再加熱することなく、この底つき素管の穴にマンドレルを差し込み、マンドレルで素管の底を押し、径が次第に小さくなる多段のダイスの中へ高速で押し込むと、素管は各ダイスとマンドレルの間でしごかれ、厚さを減少させ、長さが伸びて管となります。最後に閉じている管端を切り落とし、所定の長さに切断し、管が完成します。

　エルハルト式穿孔法は、マンネスマン方式より生産性は良くありませんが、その後も使われ続けて、現代でも大径管の穴開け用として活用されています。資①-7

6.2.5　スティーフェルの穿孔機

　マンネスマンの特許から 7、8 年遅れて、マンネスマンの傾斜圧延穿孔法と異なるプラグを使ったロール回転式の穿孔法が出現します。

　スイス人のラルフ・カール・スティーフェルは、1889 年に英国マンネスマン社に入社し、設計を手伝い、鋼管工場の監督なども経験しました。この時期はマンネスマン社が傾斜圧延穿孔の操業に四苦八苦している最中であり、

彼も多種多様の試験に明け暮れる日々であったと思われます。その渦中において、彼は穿孔するためのノウハウを習得していって、新しい穿孔法の構想を練っていたと考えられます。

　一方、米国で自転車販売業と鋼管製造業に携わっていたヘンリー　A．ロジャーは1894年に、ある製管会社を買い取り、エルウッド・ウェルドレス・チューブ社を設立します。そしてスティーフェルを英国から招き、その会社の支配人とします。スティーフェルはこの後、マンネスマン社を退職し、米国人となって、継目無鋼管の製法開発に活躍します。

　スティーフェルは、同年11月、マンネスマンの特許に抵触しない彼独自のディスク型穿孔機を設計、製作し始め、1895年に米国特許を取得、米国最初の回転式穿孔機となります（図6-10）。彼は、この穿孔機の後ろに圧延用の2基のピルガー・ミルと仕上げ加工用の冷間圧延機を置いて、自転車フレーム用の継目無鋼管の生産を開始します。ディスク型穿孔機は好調に稼動し、1896年初めの穿孔能力は一日1000～2000本に達しました。資②-3

　スティーフェルのディスク型穿孔機は、図6-10に示すように、平行で、少しずらした回転軸により同一方向に回転する二つのディスク型ロールを向き合わせ、穿孔入口の二つのロールの面は一点に集中するようになっています。素材である丸鋼を、二つのロールの間隙に或る角度を以て、マンドレルに固定されたプラグと対向させます。丸鋼は、回転する二つのロールに挟みこまれ、回転力とプラグに向かう前進力を与えられ、プラグにより穿孔されます。

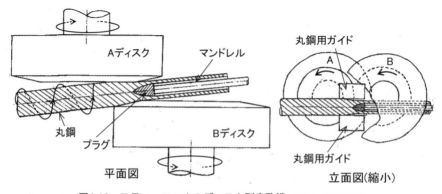

図6-10　スティーフェルのディスク型穿孔機 資①-1、㉛,㊳より作図

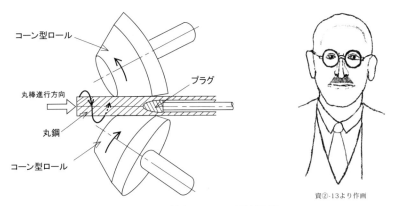

資②-13より作画

図6-11　スティーフェル（右）のコーン型穿孔機　資⑤、㉗より作図

　ロールの配置と形状は、材料の長さ方向に平行な繊維組織が乱されないように工夫されています。なお、ガイドは丸鋼を適切な位置に維持するためのものです。資①-2

　スティーフェルは更に、ディスク型と異なるコーン型穿孔機について、ロールの形状と回転軸の傾きをいろいろ変えた提案を行いました。図6-11はその中の、実際に使われたタイプです。

　しかしながらその後しばらく経つと、スティーフェルのディスク型穿孔機もコーン型穿孔機も次第に使われなくなり、マンネスマンのバレル型（図6-6）が主に使われるようになり、1980年ごろまでその状態が続きます。資⑦-2

6.2.6　圧延の能率化をはかったオートマチック・ミル

　19世紀末から20世紀初頭にかけて、ベンツ、ルノー、フォード等がガソリンエンジンの自動車の開発と生産を始めます。自動車が普及してくると、自転車用鋼管の需要に翳りが見え始めたため、継目無鋼管は、ボイラチューブなどの他の需要を取り込む必要に迫られますが、そのためには生産能率が高くコストの安い、鍛接の錬鉄管（5.3項）および鍛接の鋼管（6.3項）に打ち勝つ必要がありました。

　ナショナル・チューブ社（米国）は、そのためには穿孔工程の後にくる、管を所定の口径と厚さに圧延する工程の能率化が鍵になると考え、スティーフェルの応援を得て様々な検討を重ねます。その結果、溝型ロールを使った

プラグ圧延機が最適という結論を得て、1903年にその改良型の設計を始めます。当時のプラグ圧延機は、1893年頃に実用化されたスウェディッシュ・ミル^注を改良したもので、管のサイズ、厚さを段階的に小さく、薄くしていくために、ロールの溝径を変えて何度も圧延を繰り返してゆく方法です。

　従来は圧延を一度終えて圧延ミルの後方に出た管を、次の工程のため、圧延機の前方に戻す作業は手作業で行っていましたが、機械的に戻す改良をして能率化を図りました。図6-12。この能率化したプラグ・ミルをオートマチック・ミルと呼び、有名になりました。

　1903年、ナショナル・チューブ社はグリーンヴィル工場に、ディスク型

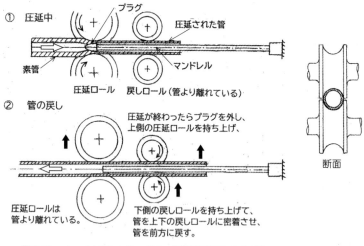

図6-12　オートマチック・ミル（溝型圧延ロール式） 資①-15、㉜より作図

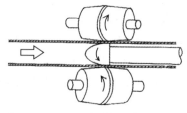

図6-13　リーラ（傾斜圧延） 資⑤、㉙

注：スウェディッシュ・ミルは、第4章の図4-5に示す、鉛の厚肉円筒から継目無鉛管を製造する溝付き圧延ロールを使うミルに似ていますが、マンドレルではなく、マンドレルに支えられたプラグを使用しています。

3ロール型スタンド　　　　　　　　3ロール型　2ロール型

図6-14　サイザのイメージ図（溝型ロール）　資⑤、㉘より作図

穿孔機で穿孔した素管をオートマチック・ミルで圧延製管する設備を設け、生産を開始します。その後まもなくオートマチック・ミルの後に順にリーラ（図6-13）とサイザ（図6-14）を置くことにより、良好な品質を確保しました。こうしてここに、ひと続きのオートマチック製管ラインが完成します。オートマチック・ミルのみならず、リーラもサイザもスティーフェルの発明です。

　米国では、このようにして、ナショナル・チューブ社のオートマチック・ミルを使った製管法が普及していきました。資①-13

　なお、リーラの機能は、圧延用プラグで荒れた管内面をプラグで擦って平滑にすること、サイザの機能は、管外径に交互に異なる方向からロールで圧力をかけ、外径を絞ると同時に真円に近い形に成形することです。

　サイザには2ロール型と3ロール型があり、通常5〜10スタンド前後のものをサイザと言い、もっと外径の絞り量を大きくしたい場合は、レデューサと呼ぶ12〜18スタンドのものを使います。レデューサは絞り量が大きいために管内径、すなわち厚さをコントロールできない問題点があったため、かなり後年注のことになりますが、各スタンドのロールの回転速度を調整することにより、スタンド間で管に張力を持たせ、その張力をコントロールして、仕上がり管の厚さを任意に変えられるストレッチ・レデューサが開発されました。

　そのころのヨーロッパに目を向けると、粗鋼生産高で英国を抜き、米国に次ぎ2位となっていたドイツでは、穿孔後の圧延にピルガー・ミルが使われており、米国流のやり方と異なっていました。

　なお、管を高速で圧延できる溝形ロール・ミルにおいて、管内面に疵をつけやすいプラグの代わりにマンドレルを使う連続圧延ミルに最初に成功したのは、1931年のフォレン・ミルとされています（6.2.8項参照）。資⑤

注：ストレッチ・レデューサの2ロール型は1947年に、3ロール型は1956年に開発されています。

6.2.7　マンドレルを使った傾斜圧延ミル

　プラグにより管内面に疵がつきやすいというプラグ・ミルの欠点を克服するため、マンドレルを使ったデイッシャー・ミルとアッセル・ミルという傾斜圧延法が開発されます。

(1)　デイッシャー・ミル

　デイッシャー・ミルは、1920年代、米国のS.デイッシャーが考案した傾斜圧延方式の一種で、1932年、バブコック・ウィルコックスの工場で、その生産機が初稼働しました。その構造は、穿孔した素管にマンドレルを通したものを、素管軸に対して傾斜した2個の圧延ロールで水平方向から圧延し、素管が所定位置をずれないように素管を上下から押さえる、高速回転する2個のディスク（ガイド役）より成るミルです。中空素管の圧延がマンドレルとロールの間で行われるので、内面も表面が綺麗で、穿孔による偏肉も是正されました。径と厚さの比が20〜35の薄肉管への圧延が可能なため、冷間工程を短縮できる長所があります（リーラもサイザも必要ないと言われる）。一方、外径が110mm以下の小径管に限られ、また、長尺ものができないという制約があります。資①-8、③-8

(2)　アッセル・ミル

　アッセル・ミルは、米国のウォルターJ.アッセルが1930年代初めに開発した傾斜圧延方式の一種です。その構造は、穿孔した素管にマンドレルを通したものを、段のついたコーン（円錐）形の3個（2個ではない）のロールの各軸を素管軸に対し傾斜させ、それらロールの中央部に素管を通過させ、圧延するもので、径と厚さの比が4〜10程度の厚肉管用で、均一な厚さときれいな内表面をした鋼管を製造するミルです。1967年、フランスの会社が、アッセル・ミルを改良して、径/厚さ比が20（例えば径が200mmなら厚さ10mm）の薄い管も圧延可能としました。資②-15、③-9

　デイッシャー・ミルもアッセル・ミルも傾斜圧延方式のため、素管の前進速度が遅く、生産能率は上がりませんでした。

6.2.8　連続圧延への挑戦―フォレン・ミル

　6.2.6項で述べたように、溝型ロールとプラグを使ったオートマチック・ミルは高能率でしたが、プラグにより管内面に疵のつきやすい欠点があり、6.2.7

項で述べた、マンドレルを使った傾斜圧延ミルのデイッシャー・ミルとアッセル・ミルは疵がつかなくなりましたが、圧延速度が遅かったため、一般の炭素鋼管の製造には向きませんでした。品質も生産性も落とさずに管を製造する方法としてマンドレルを通した素管を、直列に配置した圧延ロールを通す「連続圧延」が有望視されました。1890年代から何度か、このようなミル（マンドレル・ミルと呼ばれる）開発の挑戦が行われましたが、実用化に至りませんでした。

　マンドレル・ミルを1回通過させることで、穿孔した素管から最終製品の管を製造できる、工業的な「連続圧延」に最初に成功したのは、米国、グローブ・スチール・チューブ社のペール A. フォレンが開発し、1932年に稼働したフォレン・ミルとされています。

　「連続圧延」とは、2個ないし3個の溝型圧延ロールからなるスタンドを多数直列に配置し、その中を、マンドレルを挿入した中空素管を高速で通す間に、外径と厚さの縮小を行い、最終寸法の管にする製造方法をいいます。

　フォレン・ミルは、マンドレルを挿入した素管を、スクィーザと称する6スタンド連ねた溝型圧延ロールを通すことにより外径を絞って管をマンドレルに密着させた後に、フォレン・ミルと称する溝型圧延ロール21スタンドを連ねたミルを通すことで、最終仕様の管が得られるようにしたものです。そのためにロールは、各スタンド毎に溝の形状を変え、ロールの向きを変えるなどのいろいろな工夫がなされていました。（イメージ的には図6-15に近い）

　このフォレン・ミルは、グローブ・スチール・チューブ社で最初に稼働（1950年当時まだ稼働中）した後、フランスやベルギーでも稼働したということです。資② -7、③ -11

6.2.9　近代化された連続式管圧延ミル

　マンドレルを使ったさらに近代的な連続圧延ミルは、1949年、ナショナル・チューブ社のロレイン工場で稼働した、9スタンドのマンドレル・ミルの後ろにストレッチ・レデューサ（6.2.6項参照）を12スタンド配置したものです。連続式マンドレル・ミルとも呼ばれます。

　9スタンドのマンドレル・ミルにより、フォレン・ミルがスクィーザを含めた26スタンドでやったことを全て行いました。すなわち、第1＆2スタ

ンドで素管の外径を絞って管内面をマンドレルに密着させ、第3&4スタンドで全周の肉厚を大きく減少させ、第5&6スタンドでやや少なめに減少させ、第7&8スタンドで肉厚減少は最小にして、磨きを主体に行い、最後の第9スタンドで、管を円形にしてマンドレルを抜けやすくする、ようにロールの溝形状と向きが工夫されています。このミルではビレット（丸鋼）の直径を一定の140mmとし、穿孔機で孔明けした後、マンドレル・ミルにより外径124mm、厚さ一定の管とします。その管をその後に続くストレッチ・レデューサにより、外径88.9mm以下のすべての径と厚さの管に仕上がるようにしました。ストレッチ・レデューサの出口から出て来る管の速度は221～442m/分という高速でした。外径が88.9mmを越え114mmまでの管のためには、12スタンドのサイザが追加で設けられました。資③-12

　連続式圧延ミルは1950年代からその高能率、高品質が認められ、小径管の製造には、ピルガー・ミルやオートマチック・ミルに代わり、広く用いられるようになります。

　その後、技術的に、圧延された管からマンドレルを引き抜くのが難しかった口径の大きな管も、サイザを使うことで引き抜くことが可能となり、1978年にイタリアのダルミネ社でこの技術を使った、径340mmの連続式圧延ミルが建設され、さらにその後、径425mmまでの連続式圧延ミルが建設されるようになり、それ以後、生産性の悪いプラグ・ミルの新しい建設はなくなりました。現在においても最も高能率、高品質のミルです。最新連続圧延ミルの例を図6-15に示します。資⑤

6.2.10　油井管に対応する継目無鋼管

　19世紀後半に、米国において石油の採掘が盛んになり、1923年になると、

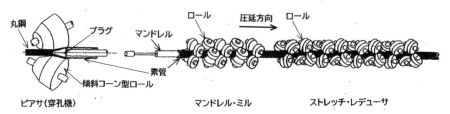

図6-15　最新の連続式圧延ミルの例　資⑤を加工

米国の油井の総本数が約 30 万本、井戸の深さが 1500 m から 2000 m になり、油井管[注]の需要量が極だって大きくなります。油井の掘削方法は、従来、掘削工具に重りをつけ、麻縄等でそれを引き上げては落とす反復運動でしたが、19世紀後半、ドリルパイプの先に「ビット」という掘削工具をつけ、パイプを回転させることで掘削し、その深さに達すると次の管をねじで接続して、堀り進む方法に代わりました。ドリルパイプに要求される強度は、当時使われていた鍛接管では不十分で、継目無鋼管が必要でした。また、口径も、従来の、継目なしの製造可能外径 140mm を越え、250mm 程度の鋼管が必要でした。[資②-4]

(1) ドリルパイプ用のアップセット管

　1917 年にねじを切る管端部だけアップセット（「据え込み」、厚肉に補強すること）したドリル用の継目無鋼管が登場します。

　熱間圧延で出来た管の管端部のみ、冷間で長さ方向に圧縮力を加えて増肉させ、外部にねじを切り、内ねじを切ったスリーブで管と管を接続します。

　管端部の冷間加工には、他に、フランジつけ（つば出し）、フレア加工、スウェイジング（型しぼり）などがありました。[資②-5.③-3]

(2) 油井用大径管

　ナショナル・チューブ社は、油井管用に口径の大きな継目無鋼管の製造設備の開発を急ぎます。1926 年、エルウッド・シティの工場で 2 重穿孔方式により、外径 356mm までの継目無鋼管が製造できるようになります。

　2 重穿孔方式は、丸鋼を第 1 穿孔機で穿孔した素管を、第 2 穿孔機（エロンゲータと呼ばれることもある）で穿孔して素管よりも外径を大きく、厚さを薄くする方法で、この方法で出来た管をプラグ・ミルで圧延し、リーラ、サイザを経て、製品とします。

　一方、ピッツバーグ・スチール社は、技師長がマンネスマンとナショナル・

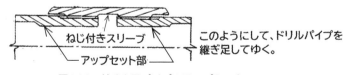

図6-16　ドリル用パイプのアップセット　③-3より作図

ねじ付きスリーブ
アップセット部
このようにして、ドリルパイプを継ぎ足してゆく。

注：油井管には、ドリルパイプの他には、採油層の油を地上まで誘導するチュービングパイプ、井戸の壁を保護し、地下水の侵入を防ぐケーシングパイプがあります。

チューブで仕事をしてきた人で、マンネスマン穿孔機で穿孔し、ドイツから輸入した大型ピルガー・ミルで圧延することにより外径 168 ～ 365mm の管を製造する設備を 1926 年に稼働させます。資②-10

　また、1930 年、ナショナル・チューブ社ナショナル工場では 2 重穿孔を行った素管を、プラグ・ミルを通し、その後、再加熱し、「ロータリー・ローリング・ミル」と称するミルを通した後、さらにリーラとサイザを通すことにより、外径 609mm の継目無鋼管が製造できるようになりました。

　ロータリー・ローリング・ミルはロールの形状、傾き、プラグ、管との位置関係（ロールと管軸となす角度は 60°）がスティーフェルのコーン形穿孔機（図 6-11）に似ていますが、ロールの径が 1880mm もあります。資①-16、⑫

6.2.11　1930 年代以降の新技術
(1) コールド・ピルガー・ミルの開発

　熱間加工された管をさらに厚さを薄くしたり、より厳しい寸法精度や管内面の平滑度を必要とする場合、冷間加工が追加されますが、米国人の G.E. ニューバースが 1 回通過当たりの加工度が高い冷間圧延法を発明し、ロックライト法と名付けられ、1931 年にチューブ・レデューシング社が、最初のミルを完成させます。日本、ヨーロッパではコールド・ピルガー・ミルの名で呼ばれています。

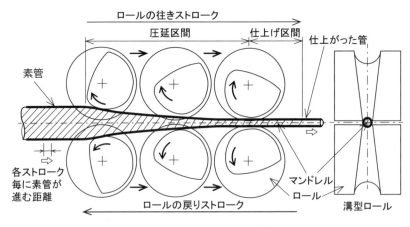

図6-17　コールド・ピルガー・ミルの製管過程　資②-8より作図

このミルは図6-17に見るように、ピルガー・ミルに似た上下一対の溝形ロールを載せた台を前後に往復させて、溝型ロールとテーパーのついたマンドレルの間で素管をしごき、外径と厚さを減少させていきます。往きのストロークが終わると、ロールは素管に対し、遊びの状態となり、戻りのストロークで元の位置に一気に戻ると同時に、素管は図に示す距離だけ前進し、かつ管とマンドレルが60°回転します。

このミルの発明者は、テーパーのついたゴルフシャフトの製造法を実験しているときに気づいたということです。

この方法は加工度が大きく、引抜きに必要な掴み代が不要なので、歩留まりがよい利点がある一方、ドロー・ベンチによる引抜きより、加工速度が遅く、現在は材料費の高いステンレス鋼管の製造などに使用されています。資②-9

（3）ユージヌ・セジュルネ押出法の開発

熱間押出し法で管をつくるのは、鉛や銅のように加工可能な温度が400〜650℃程度の場合は適用が可能でしたが、鋼の著しく高い加工可能温度、1100〜1250℃で押し出そうとするとダイスは一度で疵付き、損耗し、コンテナ（外箱）は変形してしまうため、容易に実現できませんでした。

フランスの技術者、J.セジュルネとユージヌ製鋼会社が1950年に共同開発したユージヌ・セジュルネ方式は、溶けたガラスを潤滑材に使う熱間押出製管法です（図6-18）。

非鉄金属用の600トン押出機を持つ型材製造工場を父親から引き継いだセジュルネは工具の改善のためユージヌ社と、同社が開発した耐熱鋼を鋼材押出用のダイスにする共同研究を始めます。試験を繰り返すうち、押し出しの

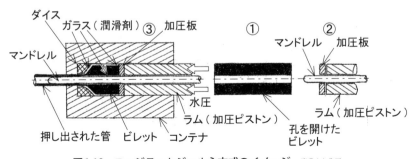

図6-18　ユージヌ・セジュルネ方式のイメージ　資⑩より作図

抵抗力は、ビレットと、ダイス、コンテナ、およびマンドレルとの間の摩擦力が大きく関係しており、これら相互間の潤滑が最も重要であると気づきます。そこでさまざまな潤滑剤を試しますが、いずれもダイスに焼き付き疵が生じてしまいました。しかし、木炭の粉にホウ砂（高温で、溶けたガラス状になる）を混ぜた時に、押出し圧力が大幅に減ることに気づきます。これをヒントに実験を重ね、潤滑の良否がホウ酸に関係していることを発見します。そこで市販のホウ酸粉末をコンテナに入れて試験したところ、疵はなくなり、さらによい結果が得られたので、次にホウ酸ソーダを混ぜたガラスを作って試験したところ、一層よい結果が得られました。このガラス組成が市販のガラスに似ているので、窓からガラスを切り抜いて試験すると、意外にも最善の結果が得られました。こうしてガラス潤滑法が誕生したということです。

　図6-18の図を参照しつつ、管が押し出されるメカニズムを説明します。

　①ビレットの中心部に管内径に相当する穴を開けて、押し出し可能温度に熱せられたビレットを、②水圧により加圧ピストン、加圧板を介して、コンテナに押しこみます。③ダイスの手前に厚いガラス板が置かれており、ビレットの熱と押し込む圧力により溶け、ビレットと、コンテナ、ダイス、マンドレルの各境界部に入り込み、潤滑役のガラスの膜を作り、管を押し出します。

　潤滑剤の「ガラス板」は、その後「ガラスの粉末」に変更されました。

　ユージヌ・セジュルネ方式は、米国で、バブコック・ウィルコックス社がユージヌ社と提携を結び、500トン穿孔プレスと2500トン押出プレスを使って1951年末に稼働を開始しました。この方法で、各種ステンレス鋼やニッケル合金鋼鋼管を次々と押出しました。しかし、生産能率が低く、ビレットの準備に手間がかかり、押し出された管からガラスの除去が必要なことなどのデメリットがあり、ステンレス鋼やニッケル合金など従来の製管法では困難な材料に限って利用され、現在に続いています。資⑪、③-10

6.2.12　継目無鋼管の主な製造ライン、今日までの盛衰

　「継目無鋼管」製造技術発展のまとめとして、現在も使われている主な製管方式の現在に至る変遷を概観します。(6.2.12項の特記なきものは資⑤による)

(1) ピルガ・ミルライン（マンネスマン・プロセス）

　マンネスマン穿孔機、ピルガ・ミル、サイザより構成され、マンネスマン・

プロセスと呼ばれます。鋼管の工業生産として成功した最初の製管ラインで、特にヨーロッパで多数建設されましたが、ピルガ・ミルが往復運動のため圧延能率が低く、能率のよいプラグ・ミル、続いて台頭したマンドレル・ミルに代替され、現在では大径管製造用の特殊用途ミルとなっています。

(2) プラグ・ミルライン（オートマチック・ミル）

バレル型穿孔機、プラグ・ミル、リーラ、サイザより構成され、1906年、スティーフェルが中心となって開発しました。大径化に対応するため、1925年には2重穿孔法が採用され、小径管用としてストレッチ・レデューサを併設したミルもあり、小径管から中・大径管まで広く用いられました。しかし、マンドレル・ミルの発達と共に、生産性が劣るため、小径管から順にマンドレル・ミルに置き代えられてゆきました。1978年以降は新設されていませんが、現在でも中・大径管を対象に多くのラインが稼働しています。

(3) マンドレル・ミルライン

バレル型穿孔機、マンドレル・ミル、サイザ（ストレッチ・レデューサ）で構成されるラインで、最も高能率、高品質のラインです。

2000年当時、住友金属工業（株）[注]の最新のミルは、丸鋼片の連続鋳造工場と鋼管圧延工場が直結しており、かつコーン型穿孔機を開発導入し、その後にマンドレル・ミルとサイザを連続配置、しかもインライン熱処理設備を有しているコンパクトで効率的な製管ラインとなっています（図6-15）。

(4) アッセル・ミルライン

穿孔機、アッセル・ミル、サイザ、ロータリサイザ（真円でない外径を真円に矯正する）よりなるラインで、寸法精度が要求される厚肉管の製造に広く用いられています。現在、山陽特殊製鋼（株）に設置されています。

(5) ユージヌ・セジュルネ法

現在は、圧延法では製造困難なステンレス鋼等の加工の難しい高合金鋼や特殊形状のチューブの製造に用いられています。日本は、1950年代後半に、神戸製鋼所㈱、山陽特殊製鋼㈱、などがユージヌ・セジュルネ社より、技術を導入しています。[資⑪]

注：製鉄会社の社名は近年の経営統合により変わっています。かつての住友金属工業（株）と新日本製鐵（株）は、その後統合し、現在の日本製鐵（株）となりました。また、かつての日本鋼管（株）と川崎製鉄（株）が統合し、現在のJFEスチール（株）となっています。

(6) 穿孔法の近年の推移

圧延ミルに先立つ穿孔工程に、1980年ごろまではマンネスマンのバレル型穿孔機（図6-6）が主に使われていましたが、近年、スティーフェルのコーン型穿孔機（図6-11）の優れた点の解明が進み、さらに日本とドイツで1982年ごろ、ほぼ同時期に近代的なコーン型穿孔機が建設されました。これを機に以後、コーン型穿孔機が用いられることが多くなりました。

また、プレスによるエルハルト穿孔法（図6-9）も大径管製造の第1工程として現在でも使われています。資⑤

6.3　初期の鋼板製鋼管

6.3.1　リベット継手鋼管

ヨーロッパでは、鋼管は鋳鉄管より腐食されやすいという理由から、あまり歓迎されなかったようですが、米国では1860年ごろに、それまでのリベット継手による錬鉄管（5.3.3項参照）に代わり、最初の鋼板製の水道用本管が敷設されました。その長手継手はリベット接合でした。1885年にサンフランシスコで埋設管として敷設された径1100mmのリベット継手による鋼管は90年を経た1975年当時、まだ現役で使われていました。資⑬

1900年にはアメリカのテーラー社が、特許を取り、リベット継手のスパイラル鋼管の製造を始めました。資③-19　これらの管のリベット継手は第5章の図5-19、図5-20に示す錬鉄管と同様な方式が踏襲されました。

1860年ごろから1900年ごろまで、鋼板を巻いた水用管は殆ど全てリベット継手が使われましたが、1900年前後から現れた、後述のロッキング・バー・パイプや溶接管に次第に押され、特に1915年以降、リベット継手管は衰退します。資⑱

6.3.2　ロッキング・バー・パイプ

鋼板製鋼管の歴史の中において、ロッキング・バー・パイプという特異な鋼管が1900年頃のオーストラリアで誕生します。

1896年、オーストラリアのメルボルンで鉄工所を経営していたメファン・ファーガソンが、机の引き出しの側板と側板を結合している蟻継ぎ（鳩の尾

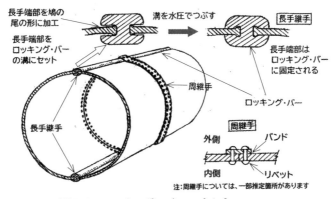

図6-19　ロッキング・バー・パイプ　資㊶より作図

の形をした溝と突起を組み合わせた接合方法）を見て思いつき、特許を出したのがロッキング・バー・パイプと呼ばれる管です。板を巻いて作った二つ割れの半円の管を向かい合わせにしたときに接する2か所の長手継手を、特殊なバー（棒）を使って締結する構造です。図6-19にその概要を示します。

　つくり方は、先ず管周長の半分に等しい幅の鋼板の長手継手部となる両端の断面形状を鳩の尾の形に加工します。その鋼板をロールで半円に成形し、2つ向かい合わせて筒にし、2箇所の長手継手を、ロッキング・バーを使って接続します。ロッキング・バーは、その断面が二つの開口を持つH字形をした、長い鋼のバー（棒）です。向き合わせた二つの半円筒の2箇所（図では、天と地の位置）の長手継手部をバーを使って、結合させるやりかたは、①半円筒の長手継手となる鳩の尾形の突起を各々、バー断面の二つの開口部に差し込み、②水圧を使って開口部の隙間をつぶすことにより、ロッキング・バーを介して、二つの半円筒同士が一体化し、固定されます。管と管をつなぐ周継手はリベット継手のほかに、印ろう継手（表5-1参照）に似た継手も使っていたようです。

　ロッキング・バー・パイプは、リベット継手のパイプより、長手継手部の強度が高い[注]ので、より薄い鋼板を使うことが出来ました。また、リベット継手の管より内面が滑らかなので、圧力損失が25%程度小さくなり、同じ管サ

注：母材の強度を1として、リベット継手部の強度は0.4～0.9程度であるのに対し、バー継手部は母材と同程度の強度がありました。

イズで、より流量を増やせるメリットもありました。

　1898 年、ファーガソンは、全長 530km、管外径 762mm の、水源のない金鉱山へ飲料水を運ぶ、ゴールドフィールド給水システムを受注します。鋼板はドイツと米国から、ロッキング・バーは英国から輸入し、上記給水システムの水源に近いバース市近郊に新しく建てた工場で、鋼板をロールで丸め、ロッキング・バー・パイプを組み立てました。この大工事は 1903 年に完成し、現在も使われています。資⑭、⑮

　ロッキング・バー・パイプは、主にオーストラリアと米国において、水道や農業用水の外径 508 ～ 1880mm の大径管に使われました。内圧に対する強度がリベット継手管より優れていたので、リベット継手管を凌駕していきました。しかし、長手継手の自動潜弧溶接管が出て来る 1930 年代前半には、新規のロッキング・バー・パイプは次第に消えていきました。資⑮

6.3.3　アセチレンガス溶接鋼管

　アーク溶接による溶接鋼管の時代に先立ち 1910 年ごろから、ごく短い期間でしたが、アセチレンガスによる溶接鋼管（通称、ガス溶接管）が作られました（アセチレンガス溶接については、8.2.1 項を参照）。

　ガス溶接鋼管の生産性を向上させた製法は、連続作業できるように中継ぎした鋼帯を、対の成形用ロールからなる複数のスタンドを通過させてオープン・シーム管を作り、溶接用ロールの個所に多数のトーチを設け、トーチを通過するごとに温度を上げていき、最後は溶融状態にして、溶接を完了させます（図 6-20）。そのあと、サイザで外径を調整し、切断機で所定長さに切断します。ここまで連続作業で行い、50m/ 分の製管速度が達成できたということです。この製法による管は、主として、外径 60mm 以下の機械構造用鋼管や電線保護管（コンディット）などの小径薄肉管でした。資④-1

　日本では、1911 年（明治 44 年）、日本パイプ（市川市）が、日本最初のガス溶接による溶接管ミルを設立しました。資⑥

6.3.4　フラッシュ・バット溶接鋼管

　1927 年に、それまで自動車のフレームを製造する会社であった、米国のA.O. スミス社が外径 660mm、長さ 12m の管まで作れる鋼管工場を建設しま

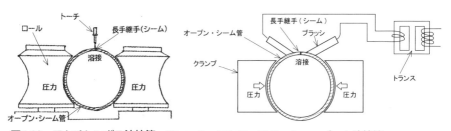

図6-20　アセチレンガス溶接管 _{資①-17、㉟}
より作図

図6-21　フラッシュ・バット溶接管 _{資①-21、㊱}
より作図

したが、この管の長手継手溶接はエリフ・トムソンらが発明した、抵抗溶接の一種であるフラッシュ・バット溶接^注によるものでした。

　鋼板を酸洗し、長手継手となる端部の開先加工をし、板の両端付近をプレスで鼻曲げ（板の端だけ曲げることをいう）し、次にプレスで板中央を折り曲げてＶ字形にし、３回目の大型プレスで筒状に成形し、オープン・シーム管とします。この長手継手をフラッシュ・バット溶接するものです（図6-21）。フラッシュ・バット溶接は管の全長12mを同時に短時間で行います。_{資①-18、③-13}

6.4　鍛接鋼管

6.4.1　当初の鍛接鋼管

　鍛接鋼管用の鋼板は、鍛接が可能な、炭素量が0.12％以下である必要がありますが、1887年、米国、西バージニア州、フォイーリングのリバーサイド製鉄所が、ベッセマー転炉により作られた、この条件を満たす鋼により鍛接管の製造に成功しました。_{資②-14}

　炭素量の低い鋼は強度は低めですが、錬鉄の鍛接管と並んで、ボイラチューブ、一般配管、ラインパイプ、油井管などあらゆる用途に使われました。

　鋼管長手継手の鍛接のやり方は、突合わせ鍛接も、重ね合わせ鍛接も従来の錬鉄管の方法とほとんど変わらないもので、口径324mmまでは成形用のベル型ダイスを使い、ドロー・ベンチで引き抜く方法（図5-20、図5-22参照）、それを越える外径610mmまでの管は、ピラミッド状に配置された３本

注：金属の端面同士を軽く突き合わせた状態で、電流を流し、生じる抵抗熱で接触部が溶融したところを強い圧力を加えて接合する溶接方法。

のベンディング・ロール（板を円弧状に曲げるように配置されたロール）で
鋼板を管状に曲げてオープン・シーム管とし、鍛接は加熱後の白熱状態で成
形用ダイスまたはプラグ鍛接機（図5-23B参照）で圧延する方法を取りました。
これらの工程は、1回の引抜き作業は短時間で終わりましたが、管長または
その整数倍の長さごとの作業となり、連続して製造できなかったため、全体
としての生産能率は高くありませんでした。

　鋼の帯板（鋼帯）がコイルの形で得られる時代になっても、依然として鍛
接管は断続作業で製造されていました。

6.4.2　連続式鍛接鋼管

　鍛接鋼管の製造をコイルを使った連続作業にすることを思いついたのは米
国、フィラデルフィアで、従来型の電縫管製造に携わる技師、ジョン・ムー
ンでした。彼は1912年、連続式鍛接製管機の建設を真剣に考え始め、後に
共同経営者となったS.S.フレッツと組んで実用化への試験を開始します。

　2人は1921年にフレッツ・ムーン鋼管会社を設立し、コイルの終わりが来
ると次のコイルを溶接して、外径17.1mmの管を試験的に連続して製管しま
した。15トンのコイルから最初に試作した製品の大部分は、すぐにも市販で
きる品質レベルのものでした。1923年に外径10.3～33.4mmの管を、また、
1938年に外径17.1～89mmの管を、生産する工場が建設されました。資①-5

　鍛接鋼管の始めから終わりまで1回の中断もない連続製管工程の概略を図
6-22に示します。鋼板を巻いたコイルはアンコイラーにより、平らな鋼帯の
状態に戻され、多数のロールからなるレベラを通過して巻き癖をなくし、鋼
帯の終端が来るとフラッシュ・バット溶接で次のコイルの鋼帯の始端と溶接
し、二つの鋼帯を繋げます。このようにして鋼帯は事実上エンドレスとなり
ます。鋼帯同士の溶接の間、溶接部分は一時的に停滞しますが、その停滞が、
連続で行っている下流の成形・鍛接作業に影響を与えないように、溶接以外
の時はルーパー（鋼帯をためこんでおく場所）で鋼帯を少し遊ばせています。

　ルーパーを出た鋼帯は加熱炉を通過する間に約1300℃に熱せられ、その
後、図6-23に示すように、成形用ロールでオープン・シーム管となり、鍛接
直前に長手継手部に空気を吹き付け、長手継手部を鍛接の最適温度1350℃
にし、鍛接用ロールで鍛接します。鍛接の終わった管はサイザのロールで所

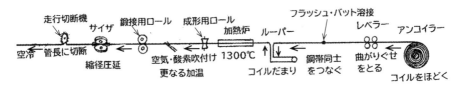

図6-22　鍛接鋼管のフレッツ・ムーン製造工程　資③-5より作図

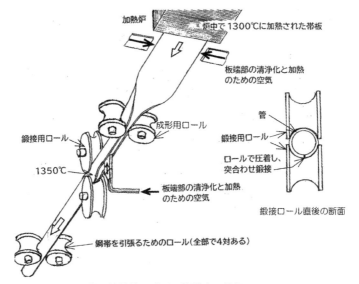

図6-23　鋼帯を鍛接管に成形・鍛接する仕組　資①-6、㉕より作図

定の外径、真円度になるように調整されます。そして走行切断機で所定長さ
に切断、冷却され鋼管受台にコンベアで運ばれます。

　1939年には、この連続製管装置により外径114mmまでの管が製造でき
る工場が建設されました。資①-4、③-4、

　管の様々な製造技術が開発されてゆく中で米国における、鍛接鋼管と継目無
鋼管の総生産量（重量）に対する鍛接鋼管の割合は、1915年93％、1920年
91％、1925年84％、1930年65％と、20世紀初期に全盛を誇っていた鍛接
鋼管が徐々に、かつ、確実に継目無鋼管へ置き換わってゆきました。資③-18

　日本では1927年（昭和2年）、日本鋼管（株）（川崎市）（131頁の注参照）
が国内初のベル形ダイス法（図5-20参照）による鍛接管設備を導入しました。
連続式のフレッツ・ムーン方式は、1954年（昭和29年）、日本鋼管（株）（京浜

が6スタンドの外径114mmミルを導入したのが日本最初のものです。資⑥

6.5　電縫鋼管

6.5.1　電縫鋼管の抬頭

　電気抵抗のあるところを電流が流れると、熱が発生することを発見し、この熱を利用して溶接する方法を発明したのは、米国の電気エンジニア、エリフ・トムソンです。彼は、1880年代後半に各種の電気抵抗溶接法の他にも多くの発明をし、また、G.E.社（ゼネラル・エレクトリック）をエジソンと一緒に創立した人物でもあります。彼の多くの発明の中に、電気抵抗溶接法の一つである電縫管のすべての基本技術が含まれていました。また、電縫管の製造に必要な交流発電機や変圧器（トランス）を発明したのも彼です。

　1900年代に入り、オープン・シーム管の長手継手を鍛接ではなく、電気抵抗熱で溶接する試みが幾つかなされましたが、実用には至りませんでした。

　電気抵抗熱を利用した電縫管が実用化され、生産されるようになったのは、1921年に米国の、エリリア・アイアン＆スチール社のグスタフ・ジョンストンが電縫管の溶接法とその装置に関する特許を提出したことがきっかけとなりました。その発明の概略を図6-24に示します。オープン・シーム管は鋼帯から6スタンド前後の対の溝形ロールで成形されます（図は省略）。オープン・シーム管の長手継手となる長手方向のV字状の隙間を上にして、管の下に位置する、モータで駆動する溶接ロールによって、管の上に位置する、互いに絶縁した2個の回転する電極ロールA、Bの真下へ送り込み、V字形隙間の先端（隙間が閉じ、板が突き合わさる所）に、電極ロールにより交流電流を流し、発生する接触抵抗熱（ジュール熱）で加熱します。一方、溶接用ロールの穴形の溝はオープン・シーム管の外径より少し小さめになっているので、板の突き合わせ部分に圧着力が加わり溶着されます。溶接をする電極ロールは銅合金製の2枚の円盤の間に絶縁材を介して結合されています。外部に固定されている変圧器の2次側から、低電圧の大電流（抵抗熱は電流の二乗に比例）が銅製のブラッシを介して、回転している電極ロールAへ流れ、オープン・シーム管の板の接合部を通り、電極ロールBに抜けます。このとき、接合部の電気抵抗が非常に高いので抵抗熱を発生し、接合部を局部的に溶か

し溶着させ、長手継手を形成していきます。溶接電流が交流なので、1回の周期中に、鋼が溶ける温度を越える強い電流が流れる時と電流が流れない時（その時は熱伝導で温度が上がる）が各2度繰り返され（図6-25）、溶接ピッチは周波数の1/2の長さとなります。そのため、溶接部にスティッチと呼ばれる縫い目のような縞模様が現れるため、電縫管と呼ばれるようになりました。初期の周波数60Hzの電気抵抗溶接機の製管速度の最高は毎分30mでし

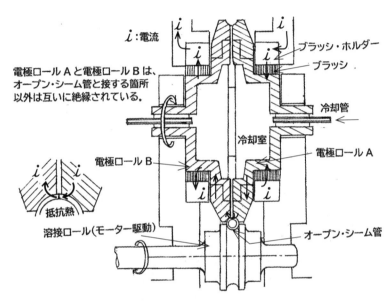

図6-24 ジョンストン発明の電縫管溶接機 資②-6、㊷より作図

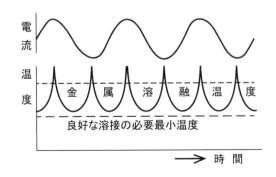

図6-25 電気抵抗溶接の電流と溶接部温度の関係 資④-5、㊸を加工

た（この時の溶接ピッチは約 4mm）。生産性から製管速度を速め、品質の面から溶接ピッチを小さくするには、周波数を上げる必要がありましたが、後述する高周波電流を使った電縫管が現れ、この課題は解決されました。

溶接終了後は、溶接部を含めてサイザにより管の仕上げを行います。

ジョンストンの電縫管製管法の特許はリパブリック・スチール社のものとなり、この能率的な製管法は、リパブリック社のライセンスを受けないと使うことが出来ず、電縫管の生産がしづらい状態が特許の切れる 1935 年まで続きました。

電縫鋼管は 1932 年ごろから生産が伸び始め、当時、薄肉・小径管の分野で進出してきた継目無鋼管と競争になりましたが、これに打ち勝ちました。その理由は、機械構造用鋼管のような小径薄肉の継目無鋼管は、熱間圧延加工をした後、冷間引き抜き加工する必要があり、そのため、電縫管の方がはるかに安価だったからです。機械構造用鋼管は、主に自転車、オートバイのフレーム、自動車のシャフトやコラムに使われました。

ジョンストンの低周波電縫管製造ミルが日本に初めて導入されたのは三機工業が 1934 年（昭和 9 年）にスチール＆チューブ社より技術導入し、外径 114mm ミルを川崎工場に据え付けたのが最初です。資④-2、⑤

6.5.2　回転トランスと倍数周波数溶接機

ジョンストン発明の電縫管溶接機には、数ボルトという低電圧の大電流を回転する電極ロールに取り込む装置に問題がありました。前述したように回転する電極ロールが固定された銅製ブラッシを擦って電流を取り込みますが、電力効率が 45 ～ 50％と極めて悪い上に、スパークが飛んで故障しやすく、メンテナンスに手間がかかりました。この問題の解決に種々の試みがなされましたが、その最後にたどりついた解決策が「回転トランス」でした。

トランスはそれまで、回転する電極ロールではなく、その外部に固定されていましたが、電極ロールの軸に取り付け、電極ロールと一緒に回転させることにより、低電圧大電流の 2 次側電流回路が短くなり、外部の 1 次側と回転する電極ロールとの電流授受はスナップリングにより行うため、スパークの発生がなくなり、効率も向上しました。

この回転トランスは、ロール成形機のメーカーであったヨダー社の社員、

ハワード・モリスが発明し、1939 年特許を出し 1942 年に認可されました。その後、各社が回転式トランス構造に関する特許を出し、それらの改良特許の提出は 1960 年代後半まで続きました。資③-6、④-3

　交流電源による電縫管の溶接は前述したように、電流が図 6-25 のようになり、あたかも連続したスポット溶接のようなものなので、品質を左右する溶接ピッチなどを維持して溶接速度を上げるには周波数を上げる必要がありました。回転トランスを発明したヨダー社は、1939 年から 1941 年まで、周波数を 60 サイクルから倍々で増やしていく実験を行い、倍数周波数が 360 サイクルになると、60 サイクルに比べ最大溶接速度を 2 倍強にできることわかりました。

　このようにして、回転トランスと倍数周波数を組み合わせた電縫管製造設備は、初期の 60 サイクルの設備に較べ各段に高性能な設備となりました。なお、通常、60 から 1kHz 程度までを低周波数の領域としています。

　1942 年、米国のバブコック・ウィルコックス・チューブ社は新しい電縫管溶接機を導入し、1943 年には、電縫管を、機関車、船舶ボイラ用チューブのみならず、従来、継目無鋼管の独壇場であった発電用ボイラチューブにも進出させます。

　1945 年、第 2 次世界大戦が終わると、米国、カナダ、欧州において、外径 406mm、508mm といった中径管を含めた新しい電縫管製造設備が普及していきます。資④-4

　このようにして、電縫鋼管は、継目無鋼管と共に、それまで活躍してきた鍛接管のマーケットを呑み込んでいきました。

6.5.3　高周波電縫溶接管

　電縫溶接機は、低周波から過渡的な中周波（1 〜 10kHz）溶接の時代を経て、高周波溶接の時代に入ります。

　1952 年、米国、ヨダー社の T. J. クロフォードは、誘導コイルを使用した「高周波誘導溶接法」を開発しました。溶接電力を管の溶接部に供給する方法は、中周波溶接の時代に既に開発されていた誘導コイルによるものです（図 6-26 の A）。

　高周波誘導溶接は 1831 年にファラデーが発見した電磁誘導現象に基づく

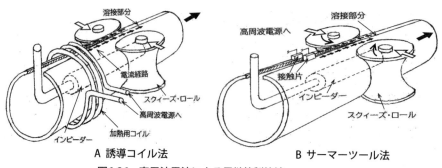

図6-26　高周波電流による電縫管製管法　資③-7より作図

ものです。すなわち、オープン・シーム管の周囲に非接触で設けた誘導コイルに中・高周波電流を流すと、同じ周波数の電流が、図に示すように、オープン・シーム管のＶ形の隙間の片側の板端部を溶接点（隙間が閉じるところ）に向かって流れ、溶接点で反転し、反対側の板端部を反対向きに電流が帰ってゆきます。両側の板の接するところで電流は抵抗熱を発し、両側の板が溶接されます。この方法は後述する、サマーツール社が開発した「インピーダ」を使わないと鋼製の電縫管を製造できなかったため、最初は、インピーダなしで製造できるアルミニウム管の製造に適用されました。後年、インピーダを使い（サマーツール社は特許を申請したが、特許化できなかった）、鋼管製造に使えるようになりました。

　ヨダー社の「高周波誘導溶接法」の開発とほぼ時を同じくして、1952年、サマーツール社の副社長であり、発明家のW.C.ラッドは、400kHzの高周波電流による誘導加熱を、当時常識となっていた誘導コイルを使わず、図6-26のＢに示すように、接触片を使って鋼帯に直接通電する特許をとり、その直後、管内面にインピーダを入れ、鋼管の溶接に成功しました。高周波のため接触片を鋼帯に接触させて通電してもスケールは発生しません。インピーダもまたサマーツール社の発明で、磁性体（インピーダ）を溶接部直下に置くことにより、他に流れる高周波電流を減少させ、電流が溶接点の板表面、特にＶ形隙間の合わせ目に集中するようになりました。

　インピーダの採用は1956年ごろから急速に米国を中心に普及しました。

　管径が大きくなると、誘導コイルは大掛かりなものになるため、現在では一般におよそ外径200mm以上の管の製造にはサマーツール法と呼ばれる接

触片による方法が使われています。

　高周波溶接は低周波溶接に比べ、高速溶接ができる他に、帯鋼の黒錆（ミルスケール）除去のための酸洗、ショットブラストが不要、コストのかかる電極ロールが不要、低合金鋼の溶接が可能、製造可能寸法範囲が広い、内外面ビードが小さい、などの優位性から、特に米国と日本で使われるようになりました。

　日本への回転トランスと倍数周波溶接法の導入は1951年以降、高周波溶接法の鋼管への適用は、誘導コイル法もサマーツール法も1961年以降のことです。

　大径電縫管のオープン・シーム管を成形する新しい方法として1960年代に、板両側に配置された多数の小さなロールが、板が管に巻かれるのを誘導していくように配置された、ケージ・ロール方式がヨダー社、他により開発され、日本では1978年に初めて川崎製鉄（株）（131頁の注参照）が外径660mmミルを採用しました。これは当時国内最大径の電縫管でした。資①-18、④-6

　なお、1950年代から1960年代にかけて、流体が水である電縫管において長手継手部内面に深い溝状の腐食の発生することがあり、問題になりました。原因は、急加熱急冷する溶接部と母材部とでは金属組織が異なり、鋼中の硫化物が溶接部に析出することによりできる電位差で、溶接部が腐食したものです。その後、製造工程と材料の改善による対策がとられ、そのような心配はなくなりました。

6.6　潜弧溶接鋼管

　1920年代後半、天然ガスのパイプライン建設のために外径406~762mmに至る大径管に多量の需要が発生します。また石油や天然ガスなどは複数の管で運ぶより、1本の太い管で輸送した方が、コスト・パフォーマンスに優れることから、一層、管の大径化が進みました。

　このころの鋼管生産の主流は、まだ鍛接管の時代で、外径324mm〜762mmの鋼管は、加熱した鋼板をベンディング・ロールで成形し、長手継手を鍛接して作っていました。電縫管は、1930年代になって最大径508mm、継目無管は、1930年時点でロータリー・ローリング・ミルによる609mmが最大径でした。これらのサイズを超える管の長手継手はリベット継手とな

りましたが、非常に生産性の悪いものでした。そういう中にあって、鋼板を巻き、長手継手をアーク溶接して大径管を作る幾つかの試みが行われました。

6.6.1　潜弧溶接

　フラックスの下でアークを飛ばす潜弧溶接法は、アーク溶接法（8.2.2項参照）の一種で、1920年代後半に様々な特許が出されますが実用化せず、フラッシュ・バット溶接より僅かに遅れ、1930年、ナショナル・チューブ社クリスティ・パーク工場のB.S.ロビノフが管の長手継手用の潜弧溶接法を特許化したものが、鋼管の長手継手溶接に適用されます。資⑰

　潜弧溶接は図6-27に示すように、開先上に粉粒状のフラックスをチューブより送給、盛り上げ、その中に心線（電極兼供給メタル）を自動的に送り出し、心線先端と母材の間にアークを発生させ連続的に溶接する方法です。潜弧溶接のアークはフラックスに隠れて、通常は目に見えません。

　この特許はその後、リンデ・エア・プロダクツ社に買い取られ、1935年、リンデ社の親会社の名をとって、ユニオン・メルトと呼ばれるようになりました。資㊹

　実用化当初、開先は図6-27、A-A断面のようにV形で、溶け落ち防止のため内側に裏当て金を入れ、外側からの片側溶接でしたが、その後、開先をX形にして内と外からの両側溶接するようになりました。また、溶接点の移動は自動ですが、管を移動させるものと、溶接機の方を移動させるもの（図6-27）とがあります。ユニオン・メルトは、最も生産性のよい溶接法の一つで、今日一層盛んに使われています。

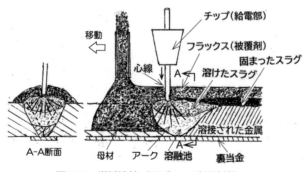

図6-27　潜弧溶接（サブマージド溶接）

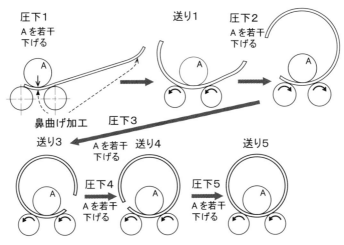

図6-28　ピラミッド形ロールによる鋼管の成形 <small>資③-14、⑨より作図</small>

6.6.2　ベンディング・ロール法

　鋼板からオープン・シーム管への成形方法において、ナショナル・チューブ社や 6.3.4 項で述べた A.O. スミス社が使用した大型プレスを使わずに、ピラミッド形に配置したベンディング・ロールで成形する方法を、1947 年にコンソリデーテッド・スチール社が、1948 年にリパブリック・スチール社が採用します。その作業手順は、図 6-28 に示すように、ロールによる圧下と送りを繰り返して、オープン・シーム管に仕上げてゆくものです。両社とも外径 762mm の管が製造可能でした。しかし、ピラミッド・ロールによる成形法は、生産能率が悪かったため、この後、大径管の成形作業は、以下に示すようなプレスによるものが主流となりました。<small>資①-12</small>

6.6.3　U-O-E 法

　カイザー・スチール社が 1948 年に、また前出のナショナル・チューブ社が 1950 年に稼働させた工場は、ともに新しいプレス成形法を採用し、最大径 914mm まで製造可能でした。その製管工程の手順は、図 6-29 に示すように、① 板両端をロールで鼻曲げ（端を曲げること）したあと、②〜⑤ 成形プレスはプレス成形初期の V 形ではなく、U プレスで U 字形に曲げ、次に⑥ O プレスで O 字形に曲げ、オープン・シーム管とします。長手継手は両側溶接で、

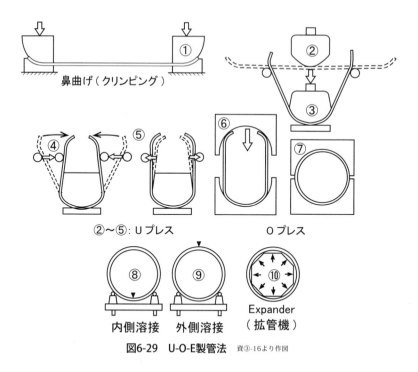

図6-29　U-O-E製管法　資③-16より作図

最初に内側を潜弧溶接した後、管を180°回転して外側を潜弧溶接し、真円とするためエキスパンダ（メカニカル式拡管機）で拡管（E）します。そのあと水圧試験を実施します。拡管は、当初、水圧でやっていましたが、水の充填に時間を要し、高強度管では管両端部の拡管が困難なため、エキスパンダが主流となりました。また、鼻曲げも板厚と材料強度の増大によりロールでは無理になって、鼻曲げ専用のクリンピング・プレスを使うようになりました。

　この成形法は U-O-E 方式と呼ばれ、今日でも、大径管の製法の主流となっています。資③-15

　日本で最初に U-O-E 方式を採用したのは、日本鋼管（株）（京浜）（131頁の注参照）で、1960 年（昭和 35 年）、カイザー・スチール社製の外径1016mm 用ミルを導入しました。資⑥

6.6.4　スパイラル法
　鍛接によるスパイラル錬鉄管を製造する方法は、5.3.3 項で述べたように

19 世紀半ばに特許が申請されていますが、鋼板コイルから引き出した広幅の鋼帯をらせん状に成形し，らせん状の継目を管外側からの自動潜弧溶接により、途切れることなく連続的に製造できるスパイラル鋼管へと発達したのは、ずっと後年の 1930 年代前半になってからのことです。この製法は特に外径114mm から 914mm の管の製造に適用されました。第 2 次大戦後になると、ドイツ製のスパイラル製管ミルが米国に輸入され、米国内で改良が行われ、外径 2438mm まで製造されるようになりました。資⑱

　管内側と外側からスパイラル・シームを溶接する両面溶接は、1955 年ドイツのヘッシュ社によって、初めて採用されました。

　鋼帯をらせん状に巻いてゆくスパイラル鋼管は図 6-30 の左に示す角度を大きくすると、径は小さくなり、角度を小さくすると、径は大きくなります。

　図 6-30 の右にスパイラル鋼管の製管法の例を示しています。コイルから解いた鋼帯の両端を開先加工したのち、ピラミッド・ロールで管となるのに必要な曲率が与えられ、管の円弧状に配置された多数の成形支持用ロールに案内かつ拘束されつつ管状に成形され、らせん状の継手が形成されたところで、内面、つづいて外面溶接が行われます。資③-17

　スパイラル溶接鋼管は、製管設備費が U-O-E 方式より大幅にかからないので普及し、構造用、鋼管杭主体に、大径で比較的低圧の水やラインパイプなどにも使われています。

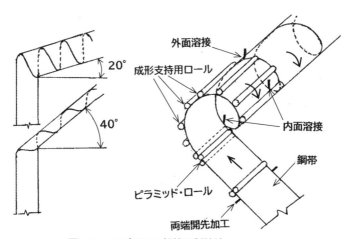

図6-30　スパイラル鋼管の製管法　資③-17より作図

6.7　特殊用途鋼管材

　ここまで、鋼管の製造法発達の歴史を見て来ましたが、ここから近年の、特殊な用途向けに開発された耐熱鋼、耐食鋼、高強度鋼の管材発達の過程を概観します。

6.7.1　耐熱鋼管材

　火力発電プラントの蒸気タービン入口の主蒸気温度は1936年に445℃、1954年に485℃、そして、1957年に538℃と上昇を続け、538℃で一旦落ち着きましたが、1980年以降、火力発電プラントで消費するエネルギー資源の削減と地球温暖化の原因の一つである排出炭酸ガス量の削減のため、タービン入口蒸気の高温高圧化による発電効率の向上を目指す動きが活発になり、超々臨界圧プラントと、そのための主蒸気管等に使用する耐熱用鋼管の開発が進められました。主蒸気温度538℃に対し、2.25Cr鋼のSTPA 24が使われていましたが、1980年代以降、さらなる主蒸気温度上昇に対応して、耐熱用の9Cr鋼や12Cr鋼、ステンレス鋼の管（パイプ、ボイラチューブ）が開発され、順次製品化されました。これら材料の多くは、「発電用火力設備の技術基準」に規格化され、材料記号の頭に「火」の字を付して識別しています。

　1987年に運転開始した、日本初の超々臨界圧プラント川越1号機（中部電力）主蒸気管の蒸気条件は圧力31MPa、温度566℃で、低合金鋼の9Cr鋼、火STPA28（9Cr-1Mo-V-Nb）が採用されました。図6-31に超々臨界圧プラントの主蒸気管用等の代表的な鋼種とその使用可能温度を示します。資⑲

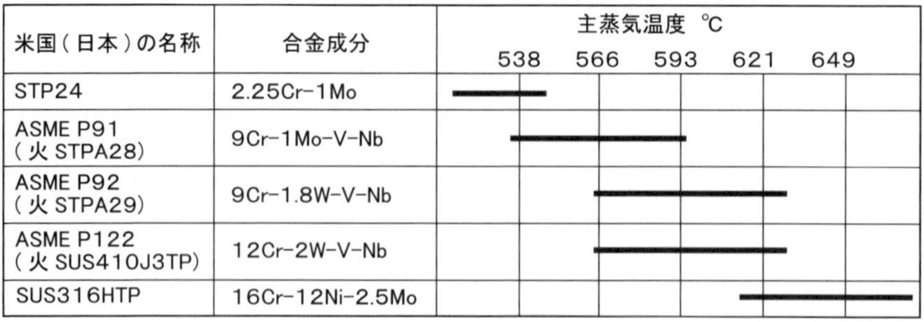

米国（日本）の名称	合金成分	主蒸気温度　℃				
		538	566	593	621	649
STP24	2.25Cr-1Mo	■■■■■				
ASME P91 （火STPA28）	9Cr-1Mo-V-Nb	■■■■■■■				
ASME P92 （火STPA29）	9Cr-1.8W-V-Nb			■■■■■■■■		
ASME P122 （火SUS410J3TP）	12Cr-2W-V-Nb		■■■■■■■			
SUS316HTP	16Cr-12Ni-2.5Mo				■■■■■	

図6-31　超々臨界圧プラントの主蒸気管用鋼管材料　資⑲より抜粋

6.7.2　耐食鋼管材

　20世紀は化学工業の時代とも言うことができます。その口火を切ったのは、アンモニアの合成で、ドイツの工科大学教授フリッツ・ハーバーが実験室的に成功し、ドイツBASF社の技術者カール・ボッシュが1913年に工業化に成功しました。この合成過程には、20MPaの圧力と500〜600℃の高温を必要としましたが、ボッシュは身命を賭してこれを成功させます。合成されたアンモニアから、この時代が求めていた、爆薬の原料である硝酸と食料増産に役立つ窒素肥料を作ることできました。

　このアンモニア合成が、高圧化学工業という新分野を拓くこととなり、1922年に尿素合成、1923年にメタノール合成、1927年石炭液化、1934年ガソリン合成、1937年に高圧法ポリエチレンの開発と、次々新しい分野が誕生しました。資㉒

　尿素合成を例にとると、15〜20MPaの高圧化で非常に腐食性のある流体を合成する必要があり、耐食材料の開発が尿素合成にとって最重要な開発課題でした。オーステナイト・ステンレス鋼は、すでに1912年にドイツ、クルップ社が開発していましたが、尿素合成は耐食性の改善されたSUS316Lでも十分でなく、尿素プラント用に改良されたSUS316L-UGが開発され、使われました。

　日本では、さらに耐食性の優れたチタンライニング管を㈱東洋高圧と㈱神戸製鋼が共同開発を進め、1960年代から多くの尿素プラントで採用されました。

　また、㈱東洋高圧と住友金属工業㈱（当時）は2相合金鋼の共同開発をすすめ、C 0.03%以下、6.5Ni、25Cr、3 MoのDP12（JIS SUS329J4L）が1980年代中ごろから尿素プラント等に採用されました。資㉓

6.7.3　高強度鋼管

　原油、石油、天然ガスのパイプラインは圧倒的に距離が長く、径も太いので厚さをできるだけ薄く、また天然ガスの場合は、口径を出来るだけ小さくするために内圧を上げる（比容積を小さくする）傾向があり、管材質の強度を上げることで管の厚さを減らすことができれば、建設コストの低減を図ることができます。そのためパイプライン用鋼管は近年、高強度管の開発に注

力されてきました。図 6-32。

1919 年に設立された API（アメリカ石油協会）が 1928 年に制定した石油、天然ガスパイプライン用管材に対する規定 API 5L は、同年、A25、A、B の３つの強度グレードを設けますが、それらの最小降伏点はそれぞれ、172、207，241MPa（参考：JIS STS370 は 215MPa）でした。1948年、API 5LX が発行され、材料のグレードは X の後ろに ksi（=1000psi ≒6.9MPa）単位で表わした最小降伏点（Y.S.）をつけて呼ばれるようになり、同年、X42（Y.S.289MPa）が制定されます。以後、管強度は上昇の一途をたどります。1953 年に X46（Y.S.317MPa）、X52（Y.S.344 MPa）、1966年に X60（Y.S.413MPa）、1973 年に X70（Y.S.482MPa）、1985 年に X80（Y.S.551MPa），が制定されました。その後、X100（Y.S.688MPa）、X120（Y.S.826MPa）が開発され、製作可能となっています。[資㉒]

日本の鋼管メーカは、地震地帯や凍土地帯における地盤変動による変形に対して座屈しにくい、高い変形能力を持つ鋼管を、X52 から X100 グレードまで開発し、2011 年ころから量産が可能になりました。また X80 グレードの高強度厚肉電縫管を開発し、母材、溶接部ともに、靭性を改良し、高い外部圧力に耐えられるようになり、従来は継目無鋼管の領域であった海底パイプラインや油井用コンダクタケーシング（油井管を土圧から守る管）に電縫管使用の道を開きました。[資㉔]

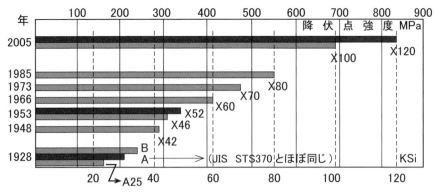

図6-32　API ラインパイプ強度グレードの発展　資㉑を基に作成

6.8　日本における鋼管史

　鋼管製造に関連する技術は、我が国独自の技術として、古代から伝承される「たたら製鉄」（5.1.3 項参照）がありますが、多くの技術が英国、ドイツ、米国から導入された技術です。技術導入後、独自に改良された技術は幾つもあります。

　日本における鋼管の製造は、1896 年（明治 23 年）、呉海軍工廠が開設されると同時に、英国より転炉、平炉、鍛造および製管設備を導入し、海軍用のボイラチューブや配管用鋼管の製造を始めたのが最初です（この設備は 1913 年、後述の住友伸銅場に払い下げされます）。

　1909 年（明治 42 年）には、1897 年（明治 30 年）創業の住友伸銅場（後の住友金属工業（株））が銅、真鍮引抜き管の製造を開始、1910 年に英国人の製管技師 1 人、職長 2 人を雇用、1912 年に冷間引抜継目無鋼管（ボイラ用チューブ）、1921 年（大正 10 年）に熱間仕上げ継目無鋼管、1923 年（大正 12 年）にガス管（現在の JIS SGP）、1931 年（昭和 6 年）にモリブデン鋼鋼管 HCK（㊋注基準 STBA11）、クロムモリブデン鋼鋼管 HCM（㊋基準 STBA21、STPA21）、をそれぞれ製造開始しています。資⑳

　日本鋼管（株）（131 頁の注参照）は 1912 年（明治 45 年）に鋼管専門会社として設立され、マンネスマン式製管設備および平炉 2 基を導入し、外径 89 〜 165mm の継目無鋼管の製造を始めました。

　第 2 次世界大戦が終わると、急速な鋼管需要の拡大に伴い、富士製鐵（株）、八幡製鐵（株）（131 頁の注参照）を始めとする大手鉄鋼メーカーが鋼管の一貫生産設備を整え、国内のみならず、海外の需要をまかなうまでに発展していきます。資⑨-1

　鋼管の規格に関しては、日本最初の工業規格は、第 1 次世界大戦後の 1921 年に制定された旧 JES（日本標準規格）で、ガス管、一般用継目無鋼管、ボイラ用鋼管が制定されました。以後、1939 年に戦時規格としての臨 JES、第 2 次大戦終了後の新 JES を経て、1949 年（昭和 24 年）に現在の JIS（日本産業規格）となりました。

　注：「㊋基準」は、火力発電プラント用に開発され、火力技術基準により規定された材料を意味したが、これらの材料は現在 JIS となっています。現在の火力発電用に特別に開発され、JIS にない材料は 6.7.1 項のように規定、運用されています。

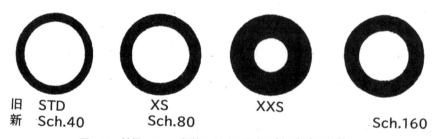

旧　STD　　　XS　　　XXS
新　Sch.40　　Sch.80　　　　　Sch.160

図6-33　外径26.7mm鋼管における厚さの新旧制度の比較

　管径基準は、旧 JES の時代には、内径基準と外径基準の 2 種類がありました。当時、管の接続はねじが主体であったため、配管を製作する立場から外径基準が便利ですが、流量や圧力損失から決まる径は内径であることから内径基準が存在しました。しかし内径基準は次第に使われなくなり、臨 JES において内径基準は廃止されました。

　また、1962 年（昭和 37 年）の JIS 改訂において、管の厚さに、ASA（現 ASME）、API などにならい、合理的なスケジュール No. 制（Sch.No. 制）を採用しました。Sch.No. 制には、Scn.10 から Sch.160 まで 10 種類の厚さがあります。強度の高いオーステナイト・ステンレス鋼用には、厚さの薄い、Sch.5S、10S、20S が設けられています。資⑨-2

　なお、米国では、1938 年から ASA（現 ASME）が Sch.No. 制を採用していますが、それ以前はウェイト制という、3 種類の厚さ、STD（スタンダード・ウェイト）、XS（エキストラ・ストロング・ウェイト）、XXS（ダブル・エキストラ・ストロング・ウェイト）が使われていました。これらの厚さは、今でも米国、日本において、Sch.No. 制を補完する形で使われています。図 6-33 に外径 26.7mm（ASME サイズ）のウェイト制とスケジュール制の厚さ比較を示しますが、口径の比較的小さい範囲では、STD は Sch.40 に、XS は Sch.80 に厚さが一致します。XXS はこの口径においては、Sch160 に対しても際だって厚くなっており、XS の 2 倍の厚さがあります。

第6章 出典・引用資料

①今井　宏編：文献―鋼管技術発展史、自家出版 （1994）
　　-1:56,214 頁、-2:67,160 頁、-3:116 頁、-4:197~201 頁、-5:193~195 頁、-6:201
　　頁、-7:217 頁、-8:221 頁、-9:234 頁、-10:248 頁、-11:259 頁、-12:268 頁、
　　-13:268~270 頁、-14:282 頁、-15:331 頁、-16:334 頁、-17:346 頁、-18:369~374
　　頁、-19:371 頁、-20:380,388 頁、-21:393 頁
②今井　宏訳：シームレス物語、（株）ミック （1984）
　　-1:22,23 頁、-2:22 頁、-3:49~53 頁、-4:97 頁、-5:99 頁、-6:104 頁、-7:112 頁、
　　-8:116 頁、-9:116,199 頁、-10:191 頁、-11:212 頁、-12:217,232 頁、-13:238 頁、
　　-14:254 頁、-15:118 頁
　　（原書　James P.Boore：The Seamless Story: A History of the Seamless Steel
　　Tube Industry in the United States　The Commonwealth Press .Inc. 1951）
③今井　宏：パイプづくりの歴史　アグネ技術センター （1998）
　　-1:133 頁、-2:134,135 頁、-3:184 頁、-4:215,216 頁、-5:216 頁、-6:218 頁、-7:217 頁、
　　-8:237,240 頁、-9:241,244 頁、-10:246 頁、-11:252,253 頁、-12:253~255 頁、
　　-13:261,263 頁、-14:268 頁、-15:270,276 頁、-16:277 頁、-17:279,280 頁、
　　-18:320,321 頁
④三谷一雄、日下部良治：鍛接管と電縫管　その発展と歴史、コロナ社 （1986）
　　-1:70~74 頁、-2:105,113~117 頁、-3:135 頁、-4:142~149 頁、-5:180 頁、
　　-6:197~201 頁
⑤山田建夫：継目無鋼管製造技術の歴史、配管技術研究協会誌 2001 年秋号
⑥当麻英夫：溶接鋼管製造法の歴史、配管技術研究協会誌 2001 年秋号
⑦河村竜夫編：マンネスマン鋼管製造事業 50 年史、ｷゲタ鋼管刊 (1957)（下記の訳本）
　　-1:2,3,5 頁、-2:8 頁、-3:13 頁、-4:11,14 頁、-5:21 頁、-6:52,53 頁、-7:55 頁
　　Rudolf Bungeroth：50 AHRE MANNESMANNROHREN 1884-1934 （1935）
⑧日本鉄鋼協会編：我が国における最近の鋼管製造技術の進歩、日本鉄鋼協会 （1974）
　　276~280 頁
⑨竹下逸夫：プラント配管の歩み、自家出版 （1983）　-1:54,55 頁、-2:90~93 頁
⑩増山不二光：火力発電所における環境対策とステンレスの利用、ステンレス建築
　　2000 年 5 月号
⑪技術資料　ユーヂンセヂユルネー押出法、鉄と鋼　第 43 年　第 8 号　826,827 頁
⑫ C.J. シンガーら、平田実ら訳：技術の歴史 9 巻　筑摩書房 (1979)　-1:43 頁、
　　-2:49 頁、-3:52 頁
⑬ C.J. シンガーら、高木純一訳　技術の歴史 10 巻　筑摩書房 (1985)　461 頁
⑭ Wikipedia Mephan Fargason　https://en.wikipedia.org/wiki/Mephan_Ferguson
⑮ Locking bar pipes-Golden Pipeline
　　https://www.goldenpipeline.com.au/the-scheme/pipes/locking-bar- pipes/
⑯ AWWA Manual M11 STEEL PIPE: A GUIDE FOR DESIGN AND INSTALLATION, FIFTH
　　https://WWW.AWWA.ORG/STORE/M11-STEEL-PIPE-A-GUIDE-FOR-DESIGN-AND-
　　INSTALLATION-FIFTH-EDITION/PRODUCTDETAIL/62572078
⑰ A Brief History of Welding & Submerged Arc welding
　　https://www.linkedin.com/pulse/brief-history-welding-submerged-arc-ramin-
　　rahimi
⑱ Walter H. Cates：History of Steel Water Pipe,Its Fabrication and Design
　　Development 1971　https://www.steeltank.com/Portals/0/pubs/history%20
　　of%20steel%20water%20pipe%20hi%20res.pdf
⑲増山不二光：火力発電所における環境対策とステンレスの利用、ステンレス建築
　　2000 年 5 月号
⑳「パイプの住金」創業 100 年　―技術 100 年記念特集号　住友金属　Vol.49,No.2 (1997)
　　https://www.nipponsteel.com/tech/report/sm/pdf/1a114001.pdf

㉑ API 5L Line Pipe Specification　OCTAL Steel
https://www.octalsteel.com/api-5l-pipe-specification
㉒ 江崎正直：アンモニア合成　https://www.chart.co.jp/subject/rika/scnet/27/Sc27-2.pdf
㉓ 牧野　功：肥料製造技術の系統化　国立科学博物館技術系統化調査報告書　Vol12　2008年8月
㉔ JFEスチール（株）カタログ　https://www.jfe-steel.co.jp/products/koukan/linepipe.php
㉕ H.G.Mueller、M.Opperer：Das Stahlrohr、Velag Stahleisen M.B.H（1974）　157頁
㉖ F.Kocks：Stahl und Eisen　47、（1927）　433~446頁
㉗ E.Rober：Die Herstellung von Stahlrohren、Stahl u Eisen、48　（1928）
㉘ 岡本豊彦：鋼管製造法の発展と歴史、　塑性と加工　Vol.3　No.15　281頁　1962年4号　1113頁、
㉙ J.Puppe、G.Stauber：Handbuch des Eisenhuttenewsens:Warzwerkswesen　Vol.Ⅲ（1939）　333頁
㉚ F.ロスデック：米国の石油産業と継目無鋼管の生産、　Stahl and u Eisen 47　（1927）　9~17頁
㉛ G.Evans：継目無管の製造法、Engineering、137　（1934）　30~32,87,88,137~138頁
㉜ E.C.ライト、S.フィンドラター：ナショナルチューブ社継目無鋼管の製造法、Journal of the Iron &　Steel　Institute　136　（1938）　109~123頁
㉝ R.モースハーケ、H.ヒルマー：マンネスマン鋼管会社の経営管理の推進　Stahl und Eisen 53、（1933）　483~488頁
㉞ F.ロステック：米国の石油産業と継目無鋼管の生産、　Stahl und Eisen　47　（1927）　1，9~17頁
㉟ B.P.ブランナー：溶接鋼管製造法—鋼管と鋼管製造法（2）Iron Age　1943　Dec.23　62~66頁
㊱ 1日に26マイルを溶接するA.O.スミス社の新大径鋼管工場　Iron Age 124　1929　July 11　92~94頁
㊲ B.P.ブランナー：継目なし鋼管製造法—鋼管と鋼管製造法（1）Iron Age　1943　Dec.16　480~53頁、Dec.23　60~62頁
㊳ R.C.Stiefel：US特許、Mechanism for Making Tubes from Metallic Ingots No.551、340　（1895）
㊴ Verein Deutscher Eisenhuettenleute,"Herstellung von Rohren"Verlarg Stahleisen M.D.H.（1975）　44頁
㊵ Ugine-Sejournet-Process
https://workshopinsider.com/wp-content/uploads/2021/03/Metal-Extrusion.jpg
㊶ Locking Bar Pipe
https://www.goldenpipeline.com.au/wp-content/uploads/2018/07/010830-locking-bar.jpg
㊷ J. V. Johnston：US特許Method and Apparatus for Butt Welding Thin Gage Tubing Nov.14（1921）　No.1、435、306
㊸ G.A.Richardson：Iron and Steel Engineer　Apr.1921　1084頁
㊹ 伊藤篤：レールの材質の昔と今、金属 Vol.70,（2000）　93~106頁
㊺ History of Submerged Arc Welding
http://www.netwelding.com/History_Submerged_Arc%201.htm

第7章　バルブ・管継手・ハンガの歴史

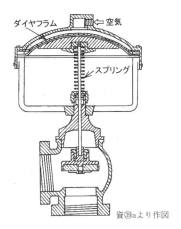

20世紀初頭のダイヤフラム弁

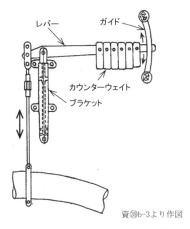

錘バランス式コンスタント・ハンガ

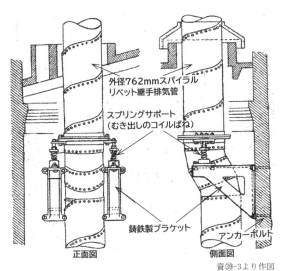

スプリングサポートと鋳鉄製ブラケット

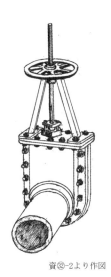

19世紀後半の仕切弁

7.1　本章の趣旨

　本章では、配管を構成するコンポーネント（構成品）、すなわち、バルブ（弁）、管継手（フィッティング）、ハンガ（管支持装置）の歴史を紐解きます。これらコンポーネントの多くは産業革命後に生まれたもので、総じて、その歴史は 200 年にとどきません。

　産業革命後における配管コンポーネントの発達は、ボイラや交通機関等の急速な発達に応える形で、そして、配管コンポーネントの製造に欠かすことのできない圧延機や工作機械、さらに、それら機械を動かす動力の発達という後押しによって、なされたものと言えます。

　配管コンポーネントの多くは欧米で生まれ、日本への第一波は明治維新後に、第二波は第 2 次世界大戦後に、急速かつ大量に入ってきました。

　日本に入った欧米の技術は、迅速に日本に根付いたのち、日本独自の発達を遂げ、1980 年代には、日本のこれらの技術力は欧米技術と肩を並べ、あるいは凌駕するまでになりました。

7.2　バルブ

7.2.1　バルブの歴史

(1)　プラグ弁（コック）

　歴史的に最も古いバルブ形式は、古代ローマ帝国時代に鋳造された青銅製

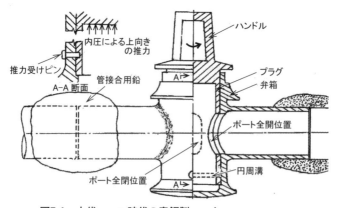

図7-1　古代ローマ時代の青銅製コック 資㉒と㉟より作図

プラグ弁（コックともいう）と思われます。90°回すだけで開閉できるプラグ弁が最初のバルブとして登場したのは、機械加工を必要とするねじを使わない構造であることが要因の一つと考えられます。

　図 7-1 は古代ローマ帝国、カリグラ帝時代（紀元 40 年頃）のガリー船（多数のオールで漕ぐ大型軍用船）とともに引き揚げられた青銅製プラグ弁ですが、同様のものがポンペイなど、複数の遺跡から発見されています。それらは現在のプラグ弁の構造にきわめてよく似ています。

　これらのプラグ弁は古代ローマ水道の配水系において流量調節用に使われたものと思われます。弁箱（バルブボディ）の対向する両側の壁に入口と出口の円形の開口部があり、そこから外側へ向けて、配水管と接続するバルブのノズルが両側へ突き出ています。管とノズルの接続は溶けた鉛で団子状に周継手のまわりを固めています。主要部品は弁箱とその内部に挿入される弁体だけで、弁ふたに相当するものはありません。弁体は、回転するプラグ（ふた付きの円筒状）で、上流、下流間のシールと、バルブ内部と外部のシールは弁箱との摺動面でシールしているようです。プラグの対向する壁に二つの長円形のポートが開けられています。プラグのポートと弁箱の開口部が重なった状態でポートは全開し最大流量が流れます。プラグを 90 度回転させると、プラグのポートが弁箱の壁で塞がれ、流れが止まります。途中開度では、プラグのポートと弁箱の開口部の重なり具合によって流量が変わります。

　話が細かくなりますが、プラグには底がついていないため、内圧がプラグの天井を押すことにより、プラグに上向きの推力（天井面積×内圧）がかかり、プラグが上方へ飛び出す可能性があります。そこで、プラグ下部の外周に小さな溝を設け、弁箱には小さな穴を開け、そこからピン（または棒）を差し込み、ピンの先がプラグの溝の中にかかるようにしています。この仕掛けにより、プラグに生じる上向き推力を弁箱に固定したピンに負担させ、かつプラグは回転できるように工夫されています。

　ポンペイの水道システムでの水圧は、およそ 0.055 ～ 0.062MPa と推測されており、現代の標準的な水道の水圧、0.2 ～ 0.39MPa よりもかなり低く、細いピンのようなもので推力を抑えられたと思われます。資㉛

　暗黒の時代とも言われる中世の長い間、18 世紀半ばに産業革命が起こるまで、プラグ弁にかぎらず、他のバルブに関しても重要な設計上の進歩はあり

ませんでした。

　第1次世界大戦中にスエーデンの技師、スベン・ノルドスツロームは、プラグ弁用グリースを弁棒の先端から注入し、プラグに設けられた溝を通って、テーパのついた弁体の摺動面に油膜をつくり、漏れ止めを改善しました。資㉕

　現在は、プラグと弁箱の間に油膜を置いて潤滑し、摩擦を軽減させる構造のものをプラグ弁、そのような構造のないものをコックと呼んでいます。

(2) 逆止弁（逆止め弁）

　逆流を防止するバルブです。最も初期の逆止弁は図7-2に示すように、3500BCころの製鉄用の「ふいご」（第5章図5-2参照）に使われました。空気をふいごから炉に吐き出すときは、空気の流れにより自動的に出口逆止弁が開き、入口逆止弁が閉まり、空気をふいごに取りこむときは、逆に入口逆止弁が開き、出口逆止弁が閉まるようにした、回転自由の軸と木製のフラッパーだけのバルブですが、近代のスイング逆止弁の元祖と言えます。この種の逆止弁は、金属製弁体のものが古代ローマ帝国時代の青銅製の往復動ポンプに、さらに13世紀ごろから水車駆動の往復動ポンプにも使われました。このように中世までの逆止弁は単独ではなく、装置の一部に組み込まれて使われました。資㉔　18世紀半ばにリフトチャッキ弁の原型が現れました。資⑨

　1907年、米国人、フランクP.コッターは、現代のリフトチャッキ弁と構造が基本的に同じで、円筒でふた状の弁体がスムースに上下できるためのガイドを備え、ねじを使って簡単に分解できる構造の、近代最初のリフトチャッキ弁を考案し、特許化しました（図7-3）。資㉝

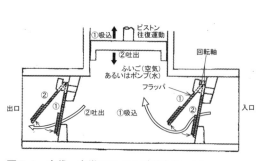

図7-2　古代・中世のスイング逆止弁　資㉒-2より作図

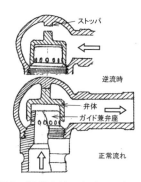

図7-3　近代のリフトチャッキ　資㉝

　図7-4 A は 1920、30 年台に複数のバルブメーカーによって製造された、前述のフラッパー式の流れをくむスイング逆止弁で、弁体の回転軸であるスピンドルはあるが、スイングアーム（図 7-4 B 参照）のないタイプで、管径を拡げた部分に 4 組の弁体・弁座を収納しています。これは、急閉時の衝撃に対するバルブの強度上の問題から、複数の小さな弁体に分割したものと考えられますが、メンテナンスに問題があったと思われ、第 2 次世界大戦以前にカタログから消えてしまいました。資㉖

　逆止弁の目的は上流のポンプ、コンプレッサ、タービンなどの機器がトリップ（急停止）したとき、できるだけ早く弁体を閉めて逆流を初期の段階で止め、全閉時の水撃力と機器の損傷を軽減することです。一方、全閉時の、弁体が弁座にあたる衝撃力をできるだけ軽減する必要もあり、それには弁体が弁座

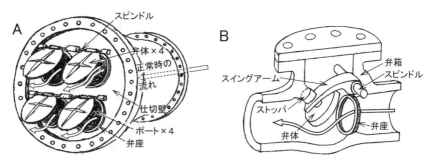

図7-4　1920年代のスイング式逆止弁（A）と近代の逆止弁（B）　　(A)資㉖より作図

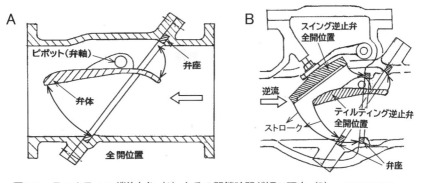

図7-5　ティルティング逆止弁（A）とその閉鎖時間が短い理由（B）　　(A)資㉞より作図

にあたる速度をできるだけ遅くすると効果があります。ポンプの高圧化と管の大径化により、大きくなったこの衝撃力を軽減させる必要性から様々な工夫がなされています。例えば、（1）全閉近くでゆっくり締めるための緩衝装置を付けた逆止弁、（2）弁体を親子に分けて、大きな親の方は早く締め、小さい子の方は緩衝装置でゆっくり締める親子式逆止弁、（3）逆流速度が未だ速くならないうちに全閉するように弁体移動距離の短縮を図ったティルティング逆止弁（バタフライチャッキはその一種）などが開発されています。

　ティルティング逆止弁は、米国のチャップマン社が 1940 年ごろ開発（同年、同社が広告を出している）したもので、スイング式より回転する弁体の慣性モーメントが小さく (資⑨)、かつ弁体移動距離を短くして全閉までの時間を短縮したことにより、水撃力の減少、弁体全閉時の衝撃力の軽減、さらには、全開時の弁体角度が一般の逆止弁では 40 ～ 50°程度であるのに対し、90°（流れに平行）近くになるので、圧力損失が小さくなる長所があります。（図 7-5 A）。資㉞

（3）玉形弁

　玉形弁は、図 7-6 に示すように、弁体が弁座面に対し垂直方向に移動して、開閉するバルブで、弁体は円盤（ディスク）状です。写真 7-1 は、中世の水道のカラン（蛇口）ですが、カランはギリシャ、古代ローマ時代以降長い間、ねじを必要としないコック（プラグ弁）タイプでしたが、金属のねじが使えるようになった 16 世紀以降、玉形弁が主流になっていったと考えられ、プラ

写真7-1 モンサン・ミッシェルのカラン
筆者撮影 2016 年

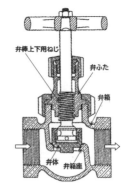

図7-6　1910年代の玉形弁
資㊻より作図

グ弁、逆止弁についで古い歴史を持っています。

　1846年に、米国のジェームス・ウォルワースによって玉形弁のデザインが開発され、特許化されました。この時代、蒸気流量を調節する技術が強く求められており、この玉形弁は最適のものでした。[24]

　次のような話もあります：1848年、弁体の上下にねじを使った、水用および蒸気用の真鍮鋳物製で玉形弁形式のバルブが英国で作られています。ペーター・レウェリンとヘモンズがその特許を出しています。このバルブは、現在の水道の蛇口とほとんど同じ形状をした小型のものです。[15]-1

　日本のフジキン（現在、㈱フジキン）は、第2次世界大戦後まもなく、「ガスの流量をもっと精密に調節できないか」という要望に応え、玉形弁の一種であるニードル弁を開発し、1953年（昭和28年）に特許を得ました。[24]

(4) 仕切弁

　古代から中国で使われていた、四角の板を上下させて灌漑用水を調節する水門（写真7-2）は、仕切弁の前身とも言えます。写真7-3は1837年から1842年にかけ建設された、ニューヨーク市マンハッタンへ上水を給水する重力流によるクロトン水道（66km）の導水路保守用に設置された水門（ゲート）ですが、仕切弁に似ているのがわかります。

　近代的バルブの米国最初の特許は仕切弁に関するもので、1839年、ニュー・ヘブンに住むチャーリー W.ペックマンにより出されました。彼の特許は水門弁（sluice gate valve）でしたが、仕切弁に相違ありませんでした。

写真7-2　中国浙江省の現代の水門
筆者撮影2000年頃

写真7-3　クロトン導水路のゲート
資[49]

　我々が今日の仕切弁の"初代"と認める仕切弁は、米国オハイオ州のテオドア・スコウデンにより1840年に出された"ストップ・コック"と呼ばれた特許です。スコウデンのバルブは、最初のボルテッド・ボンネット構造の、一方向にのみ流せる仕切弁でした。資㉓　1840年のストップ・コックの発明者は米国人、ジェームス・ロビンソンとする説もあります。資㉔

　英国では、1839年にジェームズ・ナズミスが東ロンドン水道会社の求めに応じ、従来のバルブの欠陥をなくし、操作しやすく、作動が確実で水漏れしない、基本的に現在使われているものと同じ、弁体の断面が楔形の仕切弁（スルース・バルブ）を設計しました。資⑧-1　ただ、精度の良い旋盤がない時代には、くさび形弁体のテーパー加工がむつかしく、玉形弁より普及が出遅れました。

　1840年以降、米国では、製図台上から新設計のバルブが次々と産み出され、またこの時期は新しいバルブメーカが続々現れる胚芽期でもありました。

　たとえば、ウォルワース社が1842年、パウエル社が1846年、チャップマン社が1854年、クレーン社が1855年、などなどで、この年代は日本のバルメーカの創業時期より70年ほど早くなっています（7.2.2項参照）。

　155頁扉、右下の挿絵の仕切弁は、19世紀後半米国で、木管製の長距離ガスパイプラインに使われたもので、二つ割れの鋳鉄製弁箱を中央で合わせ、ボルト締めした構造ながら、ボルテッドボンネット式（弁ふたを弁箱にボルト・

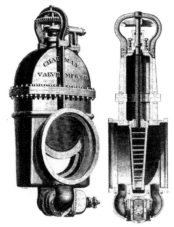

写真7-4　1880年代の仕切弁（大口径）
資㊿

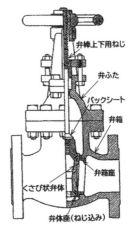

図7-7　1910年代の仕切弁（中口径）
資㊻-2より作図

弁棒上下用ねじ

弁ふた

バックシート

弁箱

弁箱座

くさび状弁体

弁体座（ねじ込み）

ナットで接合するタイプ）が既に採用されています。資㉜-1

　写真 7-4 は、1880 年代の減速ギア、バイパス弁付き仕切弁（チャップマンバルブ社製）で、弁体断面は楔形をしています。写真では、管との取り合いフランジにボルト孔が見えませんが、フランジの寸法規格は、現在の ASME B16.5 の前身が 1927 年に制定されるまでなかったので、ボルト数やピッチ径はユーザーが決まってから、ユーザーの寸法指示により加工したのかもしれません。

　図 7-7 は 1910 年ごろの仕切弁で、フレキシブル・ディスク（全閉時に弁体がたわみやすいように、弁体に切り込みが入っている）が採用されています。

　1896 年、英国のジョセフ・ホプキンソンは弁体を構成する平行な 2 枚の板の間にはさんだスプリングで板を弁座に押し付けてシールするパラレル・スライド・ディスク弁を開発しました。資㉔

　1896 年、米国のプラット＆キャディ社の技師ウィリアム・ジェニングスは、弁座の取り付け方法としてねじ込み式座の特許を取得しました。この方式は溶接式座が現れるまで、75 年間、座形式の標準であり続けました。図 7-8 参照。

　蒸気動力の発達により、ボイラーの圧力、温度が上昇し続けますが、バルブメーカーがこれら圧力、温度に耐えることのできるバルブを供給できない場合、ボイラメーカーは彼ら自身でバルブを設計し、製作しました。

　1900 年代の最初の 10 年で蒸気圧力は 1 ～ 2MPa に達しますが、その辺りまでは、黄銅と錬鉄、のバルブで対応し、高温の過熱器や蒸気タービンの導入に先立つ 180 ～ 230℃の温度範囲には鋳鉄弁で対応しました。資㉓

　1915 ～ 1925 年の間に、火力発電所の単機出力が増すに伴い、運転温度と圧力が上昇し、バルブ材料にクロム・モリブデン鋼が採用され始めます。資㉓

　1930 年代のヴォグト社（米国ケンタッキー州）のバルブカタログでは、

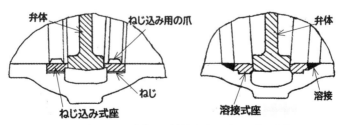

図7-8　ねじ込み式座から溶接式座へ（仕切弁の例）

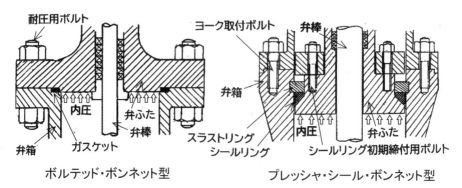

図7-9　弁箱・弁ふた耐圧構造の進化

呼び径 150A までは鋳鉄ではなく鍛造品が使われています。資㉖

　仕切弁の最後の進歩は、1940 年代前半のプレッシャー・シール・ボンネット（pressure seal）の発明です。この発明により従来のボルテッド・ボンネット式に較べ、高圧バルブの重量が約 40％軽減しました。プレッシャー・シール式は火力発電プラントにおいて多く採用されています。資㉓　図 7-9 参照。　1950 年代になると、新しいバルブ型式、特にボール弁とバタフライ弁に注目が集まるようになり、仕切弁の進化は停滞した感があります。しかし、水道用仕切弁では、1960 年にドイツでソフトシール仕切弁が発明され、水道の分野で急速に金属製弁座の仕切弁に取って代わりつつあります。この新しいバルブはゴムでくるんだ弁体を、エポキシ樹脂で粉体塗装した弁箱に圧着して止水するもので、水道水の赤さび対策に効果があります。

　なお、日本における最初の仕切弁は、1887 年（明治 20 年）、横浜に近代水道が引かれた時、英国から輸入されました。当時、制水弁と呼ばれていました。国産の制水弁が使われだしたのは 1900 年（明治 33 年）ごろのことです。資㉒

(5) ダイヤフラム弁

　古代ローマ人は、加工した毛皮を堰に覆いかぶせるようにして流れを止める、原初のダイヤフラム弁を使っていました。

　近代のダイヤラム弁は、P.K. サンダースという、南アフリカの金鉱山で働く技師により開発されました。彼は使用中のバルブのグランド（弁棒が弁ふたを貫通する所）から圧縮空気が多量に洩れる問題に直面していました。

　1929 年、彼はダイヤフラムを使って、漏洩箇所となっているバルブの可

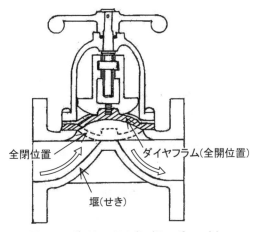

図7-10　ダイヤフラム弁（サンダース弁）

動部分を隔離すると同時に、閉止機構にも利用し、大成功を収めました（図7-10）。5年後、彼はサンダースバルブ社（Saunders valve）を創立し、その会社は現在に到っています。資㉔

（6）安全弁

　17世紀末、フランスの科学者、ドニ・パパンは、蒸気を使った圧力調理器を発明しますが、これに附属していた安全弁が、最初の安全弁であると言われています。この安全弁は、弁体が吹き出し圧力になるまで弁体を弁座に押さえつけておく力は、レバーを介した錘の荷重でした。図7-11はレバー式錘安全弁の一種、図7-12は弁体に直接、錘の荷重を掛けるタイプです。このように最初の安全弁は錘の荷重を利用したものでした。

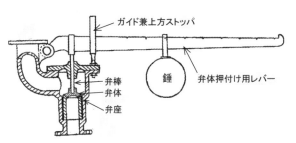

図7-11　レバー式錘安全弁
資㊳ b-4 より作図

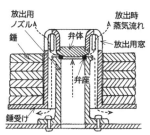

図7-12　直接式錘安全弁
資㊳ b-4 より作図（推定箇所あり）

　18世紀初めから中ごろにかけ、蒸気ボイラが登場し、19世紀初めに蒸気機関車が発明され、普及し始めると、ボイラの破裂事故が多発したため、安全弁の需要が高まります。英国人、J.フィッシャーが1814年に蒸気機関車を見た様子を書いた文に、「樽の上に二つの安全弁がある」と描写しています。破裂の危険があるため、蒸気ボイラを、桶板を鉄のタガで締めつけた樽で包み込んでいたのです。資⑩

　1830年ごろ、英国人で、蒸気機関車の製作者であったティモシー・ハックワースは、吹出し設定圧力になるまで弁体を押さえつけるのに使っていた錘を、設定圧力を容易に調節できるばねに変えました（図7-13A）。短冊形の板ばねを対に向き合わせ、幾組も重ねて配置し、蒸気内圧により弁体に掛かる力に対抗しています。ばねの初期反発力を押さえているのは、ばねの両側の2本のボルトで、ナットを回すことにより、吹き出し圧力の設定値を変えることができます。資⑩　図7-13Bは1898年の米国の文献に出ている、初期のコイルばね使用の安全弁、図7-13Cは現代のコイルばね式安全弁です。

(7) バタフライ弁

　バタフライ弁がいつ頃から使われ始めたか、定かではありませんが、当初は流量調節用に使われ、1788年、ワットが発明した蒸気機関を制御するため、シリンダーに入る蒸気量の調整に使われたのはバタフライ弁（図7-14）だっ

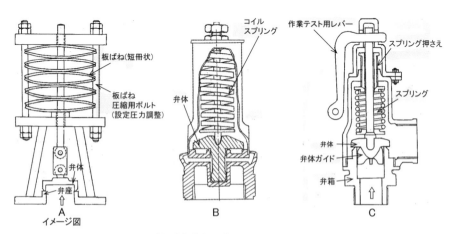

図7-13　ばね式安全弁の変遷　A:資⑩-1＆⑰より作図、B:資⑪-3

たと考えられています（調速器の発明は17世紀）。また、1901年頃作られた最初のメルツェデス（ドイツ）製自動車の燃料流量調節用にメタルタッチの小さなバタフライ弁が、加速ペダルに連結されて使われました。資㉑

　バタフライ弁は図7-15のように、円盤状の弁体を90°回転して開閉するバルブです。大口径のバルブには最も適した形式です。

　大口径のバタフライ弁は、1920年代、水力発電所用向けに米国で開発され、1925年のTransaction of ASME（米国機械学会の論文集）には、ニューイングランド発電所のペンストック（水力発電所への導水管）入口弁として口径2438mmのバタフライ弁の据付図が掲載されています。また1927年出版

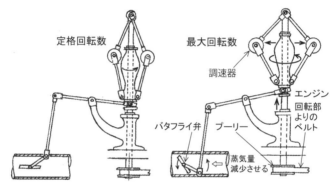

図7-14　ワット蒸気機関の蒸気流量調整用バタフライ弁　資㊽より作図

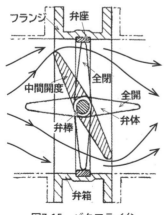

図7-15　バタフライ弁

図7-16 19世紀前半の大型バタフライ弁
資㊳より作図

の文献 (資㊳) には、駆動装置（蒸気エンジンと思われる）とベベルギアで弁体を駆動し、絞り機能を持たせた大型バタフライ弁（イタリアの TUBI TOGNI 社製）（図 7-16、図には一部、筆者の推定箇所あり）が掲載されています。この時代の大半のバタフライ弁は弁箱側も弁体側も金属同士の弁座で、洩れは許容されていました。

　日本国内では 1952 年に口径 4000mm のバタフライ弁が報告されています。

　バタフライ弁は、弁体が流れの中央にあるので（図 7-15）、高圧用で、弁体の厚さが厚くなると、圧力損失が大きくなります。わが国で、2 枚の板より構成される複葉形バタフライ弁が、主として低・中落差用水車の入口弁用に開発されました。複葉形にして、全開時に流体が弁体中央部を抜けることができるようにして、圧力損失を小さくし、さらに弁体強度に必要な弁棒まわりの断面 2 次モーメントを増やすことができるメリットがあります。資⑥

　バタフライ弁は仕切弁と較べ、据付スペースが小さくかつ軽量、操作時間が短い特徴があり、特に大径管用に向いています。しかし、止水するとき、弁体座を弁箱座に押し付けるのでなく、両座の滑り接触により止めるので、ある程度の漏れは避けられませんでした。したがって弁座に使える気密性と耐久性のある合成ゴムが発明されるまでは、止水弁としてはなかなか実用化しませんでした。しかし日本では、1930 年、牛尾義方が発明した「ウシオ弁」

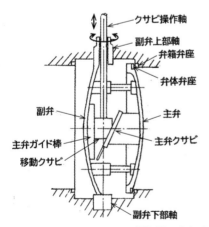

ウシオ弁の閉操作 (一部推定)
図は左側が上流の場合の、弁体が閉位置の状態を示します。全開位置から副弁上部軸を 90°回す。このとき、図のように弁体座と弁箱座はまだ触れていません。次にクサビ操作軸を下へ押し、弁体内に装着のクサビを使って、主弁を右へ押し、弁座を圧着させます。なお、副弁には座はありません。（開操作のやり方は把握していません）

図7-17　ウシオ弁　資㉒-1より作図

はメタルタッチの 90 度回転弁でありながら「接触」による止水ではなく、弁体を全閉位置まで 90 度回転したあと、弁体を弁座に「押し付ける」動作を追加することにより、止水を達成しました。ウシオ弁は図 7-17 に示すように回転機構と弁体押し付け機構を備えているため複雑となり、長期間使わないと水垢で開閉できなくなることがしばしばあったということです。このバルブは、旧海軍の艦艇に広く使われ、艦を敵の手に渡さないために自沈させる時に開く「キングストン弁」にも使われました。水道用としては口径 1800mm まで使われた記録が残っています。

　第 2 次世界大戦後、ゴムを弁座に使った止水形バルブの時代が到来します。

　現在のような弾性ゴムは、1839 年に米国のチャールズ・グッドイヤーが天然の生ゴムに硫黄を混ぜて加熱する加硫法を発明したことに始まり、19 世紀末、自動車の発明でタイヤにゴムが用いられて、飛躍的に発達します。

　合成ゴムは 1933 年にドイツで初めて開発されますが、第 2 次大戦後、石油化学の発達により合成ゴムが大量かつ安価に製造されるようになりました。

　ゴムの弁座を採用したバタフライ弁は、米国で 1951 年にキーストン社が合成ゴムの弁座を使った工業用バタフライ弁を開発しました。

　日本では、1954 年（昭和 29 年）、独自の考えで弁体にゴム座をとりつけたヨシイケ弁が発明され、水道用に使われましたが、このころ水道に使われていたバタフライ弁は、止水用ではなく、流量制御用として使われました。

　1955 年ごろに米国からゴム製弁座のバタフライ弁が火力発電所の循環水用弁として輸入されました。これを契機として、日本でも止水形バタフライ弁の研究開発が徐々に始まりました。1959 年以降数年にわたり、大阪市水道局でバルブメーカー、ポンプメーカー参画のもとに、加圧、開閉試験を長期間実施した結果、水道用として十分使用に耐えると評価され、各地の浄水場などに急速に普及しました。弁座のゴムは当初は天然ゴムでしたが、現在はほとんどが合成ゴムとなっています。資㉒

　図 7-18 はバタフライ弁の弁棒（回転軸）の弁箱に対する位置関係多様化の変遷を示しています。バタフライ弁の原型であり、基本型の「同心形」は弁棒が弁箱の中心を通るので、シールの要である弁箱座を貫通しています。そのため弁棒貫通部のシール性確保に特別の配慮が必要です。そこで登場したのが「単偏心形」です。これは弁棒が弁箱座にかからない位置まで、弁棒

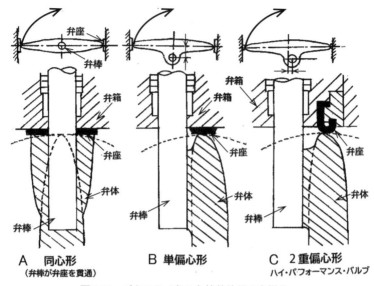

図7-18　バタフライ弁の弁棒芯位置の多様化

位置を管軸方向へずらすことで、弁棒まわりのシール性の改善をはかっています。

　単偏心弁の弁棒を更に、管軸と直角方向にも若干ずらしたバルブが「2重偏心形」です。2重偏心弁の特徴は、弁箱座に弁体が多少鋭角で入るので、弁体座を弁箱座に押し付ける効果が出ること、全閉時に上流側内圧が弁体座を弁箱座に押し付ける作用をすること、この二つの効果により高圧においてもシール性が良く、また、弁箱座の摺動が減るので座の摩耗を防ぐことができます。

　1975年、フィンランドのネレス社がU形をしたメタルの弁箱座と楕円形弁体を持った「3重偏心形」を開発し、プロセス工業に導入されました。3重偏心弁は弁箱座の円錐状の中心軸を管中心線から15～35°傾けており、さらに高圧でのシールが可能となります。資㉔、㉕

　2重偏心、3重偏心バタフライ弁は、弁体が弁箱座を摺動しないため、PTFE（商品名、テフロン）やステンレス鋼を含む様々な材質、様々な形状の弁座を使えるので、従来のバタフライ弁より、はるかに高温、高圧の流体に使用することができ、高性能なバルブを意味する、「ハイ・パフォーマンス・

バタフライ弁」（図7-18右）と呼ばれています。

　また、弁体座近辺の弁体形状を工夫して、絞り運転時のキャビテーション発生を抑制するタイプのバタフライ弁が1984年ごろから国内のバタフライ弁メーカー各社により開発され、現在、数多く使用されています。

　バタフライ弁と管との接続形式は、開発当初よりフランジ付きバタフライ弁（図7-15）が一般的でしたが、1950年代後半から、バルブはフランジを持たず、管側のフランジでバルブ本体を挟みこむ、コンパクトなウェハ式（フランジレスともいう）が大径弁を除き、盛んに使われるようになりました。

(8) ボール弁

　プラグ弁の円筒状の弁体を球（ボール）に置き代えたようなボール弁は、バルブの仲間では比較的歴史の浅いバルブです。最初のボール弁の特許は1871年に出されましたが、広く市場に出るにはボール弁に適した弁箱座用材料として、デュポン社がPTFE（テフロン）を発見するまで、85年間も待つ必要がありました。すなわち、1956年、米国人ハワード・フリーマンは、自らが創設した会社ジェームス・ベリー社において、温度変化によるボールの膨張・収縮がもたらす漏れに対処できる、ソフトなPTFEの弁箱座を持ち、弁箱下部から支える弁棒を持たずに、弁箱座によってボール自重を支え、かつ、閉止時の差圧によりボールに生じる推力を支えることができ、両方向流れの可能な「フローティング形ボール弁」（図7-19 A）を開発しました。[資24]

　フローティング形は、ボール弁の径が大きくなったり、高圧になると、閉

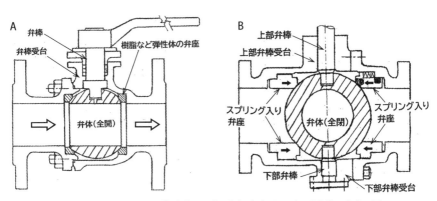

図7-19　フローティング形ボール弁（A）とトラニオン形ボール弁（B）

止時にボールが２次側の弁箱座を押す推力が弁箱座の強度を上回るため、推力を受ける上下の弁棒を弁箱が支える「トラニオン形ボール弁」（図7-19 B）が採用されます。トラニオン形ボール弁の開発時期は特定できませんでしたが、1956年以降1960年（キャメロン社が全溶接式[注]トラニオン形を開発した年）以前の間と考えられます

(9) 調整弁と調節弁

調整弁も調節弁も流体の流量、圧力、温度などを一定に維持するためのバルブですが、調整弁（自力式、regulator）は管内圧を利用して弁体を動かすバルブ、調節弁（他力式、control valve）は他から供給されるエネルギー、例えば空気、によって弁体を動かすバルブで、歴史的には調整弁が先行し、おくれ

写真7-5　流量調節器（自力式）の外観　（旧横浜水道公園で筆者撮影　2021.9）

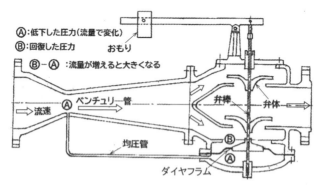

図7-20　流量調節器（自力式）の構造　資⑰より作成

注：ボール弁の弁箱構造はボール着脱のために弁箱をボルト、ナットで組み立てたボルテッド式が一般的です。

て調節弁が登場します。後者は前者にはない各種の機能を備えています。

　調整弁の前身にあたるものに、流量を一定に調整する流量調節器があります。今日のコンパクトな「バルブ」のイメージではなく、「装置」に近いもので19世紀中ごろに現れました。

　写真7-5と図7-20はベンチュリ管を利用した流量調節器の例（米国製）で、昭和初期、横浜市水道の西谷浄水場旧第1急速ろ過池の配管に使われていたものです。ベンチュリ管は、ベルヌーイの定理に基づき流量を測定する計器で、米国人のクレメンス・ハーシェルによって1887年に発明され、円錐管を使って実験をしたG.B.ベンチュリを記念し、ベンチュリ管と名付けられ、1894年ごろから英国の水道会社などで盛んに採用されました。図7-20において、例えば、安定した定常流量状態から逸脱して、流量が増えると、Ⓑと Ⓐの差が大きくなり、ダイヤフラムを押し下げます。すると弁体が閉方向に動き、流量を減らして流量を一定に保てるようになっています。

　写真7-6は現代の流量調整弁で、写真7-5における長いベンチュリ管、長いバーと錘の代わりに、オリフィスと差圧調整弁（バーと錘がコイルばねに代わった）を使い、外形的にもコンパクトになっています。

　米国、アイオワ州の水道技師、ウィリアム・フィッシャーは蒸気エンジン駆動ポンプの出口圧力を手動で維持し続けるために24時間ぶっつづけで働かねばなりませんでした。この経験から彼は1880年、ポンプ出口圧力を自動で一定にするポンプ用調整弁（ガバナ）を開発します。そしてフィッシャー・コントロール社を興すとともに、1907年までに、米国、カナダ、英国、に発電用調整弁の納入を開始します。

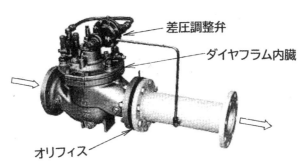

差圧調整弁

ダイヤフラム内臓

オリフィス

写真7-6　現代の流量調整弁（自力式）　資⑯を加工

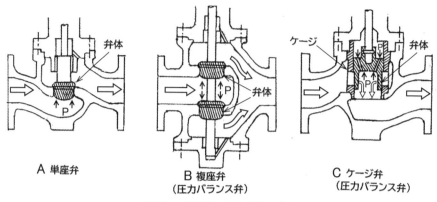

A 単座弁　　　　B 複座弁　　　　C ケージ弁
　　　　　　　（圧力バランス弁）　（圧力バランス弁）

図7-21　調節弁の弁体形状の変遷

　また、1882年、米国、マサチューセッツ州のウィリアム　B. メーソンはメーソン・レギュレータ社を興し、ボストンに工場を建て、1883年～ 1886年の間に、ポンプスピード調整弁、蒸気減圧弁、ポンプ圧力制御弁などの特許を取得しています。資①

　調整弁も調節弁も弁体の形状は、最初の時代から現在に到るまで図7-21 Aのプラグ型（あるいはディスク型）が主体に使われています。

　弁前後の差圧により弁体に発生する推力をバランスさせて駆動部の操作力の軽減を図った複座弁（図7-21 B）は1906年のメーソン・レギュレータ社のカタログに出ています。資㉙

　1920年から1940年の間に、バルブの大径化、バルブのポジションを決めるメカニズムなど、バルブメーカの間で数多くの技術革新が行われ、このころに開発されたバルブが、今日の調節弁構造のベースとなっています。

　1936年、（株）山武が国産の複座の調節弁（図7-21 B）を開発し、日本石油秋田精油所に納入しています。これが調節弁の国産1号機となりました。資⑪

　弁体の形状は長い間、プラグ型が主流でしたが、1964年、山武が、流体条件が高圧・高温化するのに対応してケージガイド構造という、プラグのガイドを強化した「ケージ弁」を開発しました。このバルブは、ケージと呼ばれる外筒の中をプラグと呼ぶ内筒が上下することで、ケージに開けられた穴の通過面積を変え、圧力や流量を制御するものです。図7-21 C。

　その後、高差圧運転により起きるキャビテーション対策用の各種のバルブ

が開発、商品化されていきます。資⑪

　調節弁のソフト面では、次のような進歩がありました。

　1950年に、米国でFluid Controls Institute（FCI）が設立され、バルブの容量（Cv値）に関する算出要領につき標準化を行われました。

　1961年にISA（国際計装協会）標準の初版で、調節弁のキャビテーション現象の説明とバルブ・サイジング式が述べられています。

　1990年代に入り、メンテナンス・コストの節約、予知保全等を目的として調節弁に直結する診断機能を持ったスマートコントローラ（インテリジェント型コントローラ）が登場しました。資①

（10）空気式弁駆動装置

　近代の調節弁の制御の主役である、空気により駆動するピストン式（図7-22 A）やダイヤフラム式（図7-22 B）の弁駆動装置は、1800年代に空気圧縮機が実用化され、圧縮空気が容易に得られるのを待たねばなりませんでした。19世紀末に空気式駆動装置が鉄道車両のブレーキやドア開閉装置に利用されるようになり（資㉗）、バルブにも、20世紀初頭には本章扉（155頁）の図にみるような、空気式駆動装置が登場しました。

（11）電動式弁駆動装置

　電動モータが発明されたのは1834年のことですが、実際に商用ベースで

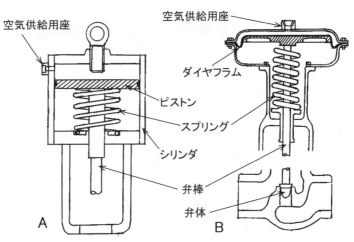

図7-22　ピストン式駆動装置（A）とダイヤフラム式駆動装置（B）

使われるようになるのは、1880年代になってからです。

　写真7-7Aは、1920年頃、米国で使用されていた電動仕切弁ですが、モータは単体でバルブ頭部に装着されているのが判かります。

　1920年代、米国人ペイン・ディーンが正確な方法で出力トルクを検出し、そのトルクを制限する能力のある装置を考案し、米国特許を得ました。彼は「トルクを制限する」能力を表現するため、"Limitorque"「リミトルク」と命名しました。

　1933年、米国の歯車製造会社、フィラデルフィア・ギア社はリミトルクの概念、特許および商標を購入しました。そして自社の歯車と電動モータを組み合わせ、電動バルブアクチュエータ（リミトルク）を開発しました。

　写真7-7Bは現代の電動式バルブ駆動装置の例です。

　第2次大戦の勃発により、この新製品に大きな需要が生まれ、初期の設計改善が促進されました。資②

（12）スチームトラップ

　スチームトラップは内部に自動で開閉するバルブ機構を持っているので、バルブの一種と言えます。スチームトラップは蒸気配管の最も低いレベルにある導管に設置し、配管内の蒸気が凝縮してできたドレンを速やかに排出す

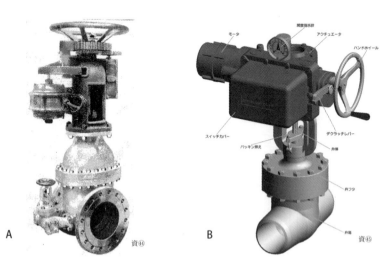

写真7-7　電動式バルブ駆動装置の変遷

ると同時に蒸気は逃がさないようにする装置です。

スチームトラップの歴史を年代順に追います

（以下の部分は、特記部分を除き資③に典拠します）。

- 1877年（明治10年）米国において、線膨張率の高い金属を使い、流体の温度変化による金属棒の伸縮をバルブの開閉に利用するサーモスタティック（感温）式のトラップが開発されました（図7-23 A）。
- 1878年（明治11年）米国において、金属製のダイヤフラムの中に液体を封入し、その膨張収縮によりバルブを開閉させるトラップが開発され

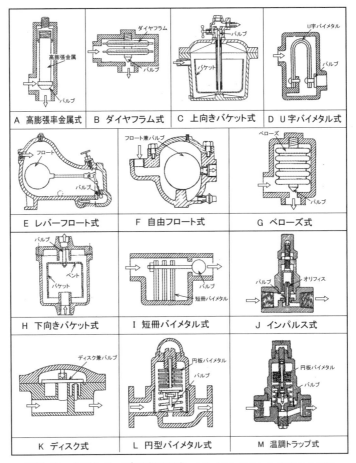

図7-23　各種トラップ形式の開発　資③、但しC：資④-2、E：資⑤b-1、F：資④

ました。これもサーモスタティック式ですが、現在のダイヤフラム式の
元祖と考えら れます（図7-23 B）。

- 1898年（明治31年）の米国の文献 ^(資㊶-2) に上向きバケット式の図が出
ています（図7-23C）。
- 1908年（明治41年）、米国で、温度変化をバイメタルの伸縮に変え、
弁を開閉するU字バイメタル式が開発されました（図7-23 D）。
- 1911年（明治43年）発行の文献 ^(資㊴ b-1) に、フロートの浮力を利用して、
弁を開閉するレバー・フロート式の図が掲載されています（図7-23 E）。
- 1911年の米国の文献 ^(資㊸) にレバーのないフロートの球面の一部を弁体
とする自由フロート式の図と説明が掲載されています。（図7-23 F）。
- 1914年（大正3年）、米国で、温度変化をベローズの伸縮に変え、弁を
開閉するベローズ式トラップが開発されました（図7-23 G）。
- 1918年（大正7年）鷲野卯八（旧鷲野製作所創始者）が名古屋でスチー
ム・トラップを開発し、製造を開始しました。
- 1922年（大正11年）、太田常太郎（東亜バルブ創始者）が大阪で高温
高圧弁、スチームトラップの製造を開始しました。
- 1930年（昭和5年）12月発行のHAPC誌 ^(資㊷) の広告に下向きバケット
の位置でドレンを検出する方式の広告が出ているので、下向きバケット
式はそれ以前の開発になります。（図7-23 H）
- 1931年、米国で短冊バイメタル式が開発されました（図7-23 I）。
- 1936年（昭和11年）、米国で流体の力学的特性によって弁を開閉する
インパルス式が開発されました（図7-23 J）。
- 1944年（昭和19年）、豪州のブラッドリにより、流体の力学的特性によっ
て弁を開閉するディスク式の原型が開発されました。インパルス式より
構造が簡単です。（図7-23 K）。
- 1949年（昭和24年）、宮脇旋太郎（ミヤワキ創始者）が圧力差を利用
した上向きバケット式を日本で開発しました。
- 1955年（昭和30年）ドイツで円板バイメタル式が開発されました（図
7-25 L）。
- 1970年（昭和45年）、日本でドレンの顕熱を積極的に利用する円板バ
イメタル式温調トラップが開発されました（図7-23 M）。

　スチームトラップではありませんが、ここで、U 字形をした封水トラップについて付記しておきます。18 世紀末までに英国で初歩的な水洗式トイレが導入され始めましたが、地下の汚水溜からの悪臭ガスに悩まされ続けため（当時は下水に直接流すことは許されなかった）、1782 年ジョン・ゲイレイトが管を U 字形に曲げた底に水を貯めた封水トラップの特許をとりました。現在も衛生設備配管に使われています。資⑧-2

7.2.2　日本のバルブ工業の変遷

　日本に金属製のバルブがもたらされたのは、1863 年（文久 3 年）、紡績用のボイラが輸入されたとき一緒に入ってきたのが最初といわれています。

　1877 年（明治 10 年）、京都宇治川のほとりに官営、伏見製作所が設立され、日本最初のバルブ「蒸気機械用真鍮カラン」（カランは水道蛇口のこと）が製造されました。工作機械の動力源は宇治川の流れを利用した水車でした。

　1885 年（明治 18 年）、横浜市近代水道の着手と東京ガスの事業化により、バルブの需要が増え、専門の工場ができはじめ、青銅と鋳鉄のバルブが生産されるようになりました。

　草創期のバルブ製造所の多くは、住宅兼工場で、家族と職工徒弟数人をやとい、旋盤など数台の機械を置いた家内工業的なものでした。

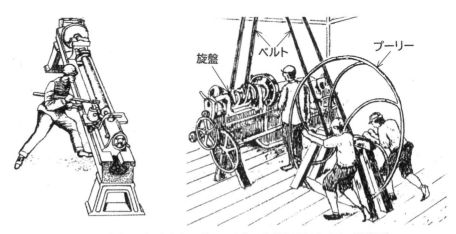

図7-24　人力でバイトをあてがい、人力で旋盤を回転させる（想像図）

資⑮-2 より作図

　バルブ製造には旋盤が不可欠ですが、大部分の小工場では電動式旋盤が現れる明治40年代まで、プーリーを手で回し、ベルトで旋盤に動力を伝え、バイト（工具）は人が被加工物に押し付けて切削が行われていました（図7-24）。

　ねじ切りの技術は特に重要視され、特殊技能とされました。鉄系統のものは棒材に巻きつけた紙に線描きしたねじ型を、または、直角三角形の紙を巻いてできた螺旋を、タガネで彫り、やすりで仕上げました。単品ずつの作業でした。

　初期のバルブ製造はこのように幼稚な機械設備と手作業による工程が多かったため、永年の熟練した、腕をもった職人が尊重されました。資⑮-3

　我が国のバルブメーカーは多くが、大正後半から昭和初めにかけて創業しています。当時の社名で、たとえば、米喜バルブ1920年（大正9年）、東亜バルブ1922年（大正11年）、岡野バルブ1926年（大正15年）、中北製作所1930年（昭和5年）、ウツエバルブ1931年（昭和6年）　などです。

　バルブの規格はというと、昭和6年に青銅製の、ねじ込およびフランジ付き玉形弁、鋳鋼製のフランジ付き玉形弁等々のバルブの日本標準規格（JES）が制定されました。溶接式のバルブはまだありませんでした。資⑮-5

　また、当時の圧力クラスは5、10、16、20kg/cm^{2}まで、口径は12～200mmまででした。新JES（1945～1949年）で鋳鉄製フランジ型が追加され、仕切弁は日本産業規格JIS（1949年以降）になってから制定されました。資⑫-2

　第1次世界大戦終了の1919年（大正8年）以降、水道とガス事業の発展と紡績工業の拡大、さらに軍需産業の拡大により、バルブ需要が急増し、1942年（昭和17年）ごろには、国内のバルブ製造に携わる企業数は500社を超えていたということです。資⑮-4

　また、このころ、減圧弁、安全弁、トラップなどの高度な技術を必要とするバルブ類も国産化され、鋳鋼、鍛造の高圧用バルブも次第に多く生産されるようになりました。

　第2次世界大戦後は、直後の混乱期を経て復興期に入ると、電力需要が急増する一方、水力開発地点が減少して、1960年（昭和35年）頃に日本の電力源が水主火従から火主水従に移行します。火力発電は、単機出力の大容量化とエネルギ効率の向上を追求して、タービン入口蒸気の高温、高圧化が一

気に進んでいきます。そのため、バルブ業界も高温高圧弁を量産供給する必要に迫られ、1956年の機械振興臨時措置法5か年計画で、高温高圧弁と自動調節弁が、その技術を完成すべき対象機種に指定されました。当時の圧力温度に対する一般的な実力は65kg/cm²（約0.64MPa）、350℃程度でしたが、計画では5年後に150kg/cm²（約1.47MPa）、450℃を達成することでした。この高温高圧弁開発には、戦前から研究設備を持ち技術の向上をはかってきた岡野バルブ、東亜バルブの2社に目標達成の期待がかけられました。5年後、目標以上の成果が得られ、更なる第2次5か年計画へと進みました。資⑮-6

7.3　継手・管継手

　継手（接合とかジョイントとも言う）は、管、管継手やバルブなどを互いに接合するためのフランジ、溶接、ねじ込み、などの手段を総称する言葉です。

　一方、管継手（フィッティングともいう）は、配管の方向を変えたり、分岐したり、口径を変えたりするときに使用するエルボ、T（ティ）、レデューサなどの配管コンポーネントを総称する言葉です。

　ここでは、継手と管継手の歴史を紐解きます。

7.3.1　継手の歴史
（1）ねじ継手とフランジ継手

　金属製ねじはヨーロッパでは既に16世紀に製作可能となっており、19世紀初めのガス灯用の錬鉄製配管の接続にはねじ継手が使われました。（ねじの規格の歴史については8.2.1項参照）

　一方、フランジは17世紀中頃のベルサイユ宮殿の鋳鉄管の接続に使われているように、当初は鋳鉄製で管や管継手、バルブと一体で作られました。その後、管との接続にねじ継手を使った単独のフランジ継手が現れました。

　1900年（明治33年）前後の時代、米国のクレーン社、ウォルワース社の2社が、それぞれ会社の名前を冠した数種類の独自のフランジ継手を発売していました。ねじ込み、ハブフランジの接合部の半分をねじで、残り半分をアセチレンガス溶接で行う折衷タイプ（当時、まだ完全でなかった溶接を補った）、溶接のみ、コーキング、ラップジョイント、フレア、などのタイプがありました。重ね鍛接で作られた鋼板製の管には、フランジをリベットで接合

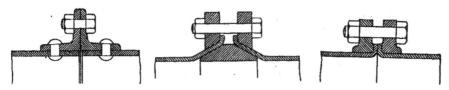

図7-25　ねじ以外を使ったフランジと管接続法の例　資㊶

しました。ねじ以外を使ったフランジと管接続法の例を図7-25に示します。

　溶接が配管の継手に使われるようになるには、溶接の信頼性が確立される20世紀前半まで待たねばなりませんでした。（溶接については8.2.2項参照）

(2) ASME（米国機械学会）制定フランジの歴史

　米国では1920年代から鋼製の管用フランジと管継手を標準化する作業が開始されました。

- 1920年、AESC（米国技術標準委員会）により、管用フランジと管継手の統一化をはかり、標準化するためのB16委員会が結成されました。
- 1927年、暫定標準B16e「鋼製管用フランジとフランジ付き管継手」が発行されました。圧力クラスは250（後に300に変更）、400、600、900、1350（後に1500に変更）でした。
- 1939年、圧力クラス150が追加されました。資㊿

(3) 日本のフランジ継手の変遷

　日本の旧海軍は早くからフランジ継手に独自の規格を持ち、「大型」、「小型」の二種類の規格がありました。「大型」は大型艦である巡洋戦艦級以上に、「小型」は巡洋艦以下に適用しました。

　1921年（大正10年）のJES（日本標準規格）制定当時の我が国の産業界の主力は、艦艇を含む造船と電力で、その動力源はいずれもボイラでした。造船は重量軽減が重視されたので「小型」を、ボイラを含む陸上は工作がしやすい「大型」を採用しました。圧力クラスは、2、5、10、16、20、30、40kg/cm^{2}が制定され、ボルト数は6本のものがあり（現在は、全て4の倍数）、据付の便宜に問題^{注}がありました。フランジハブの高さは、管に接続する方法がねじ込み、拡管（現在のラップジョイント）、リベットなどがあったため、

注：ボルト本数が4の倍数でないと、垂直軸、水平軸のいずれか片方がボルト孔中心振り分けできなくなる。

規定がありませんでした。

1946 年（昭和 21 年）の新 JES（日本規格）の時代に、10kg/cm^2 クラスに厚さの薄い「薄型」が新たに制定されました。衝動の少ない流体には通常の「並型」の 10kg/cm^2 ではもったいないという理由からですが、米国にはない圧力クラスです。1949 年（昭和 24 年）制定の JIS（日本工業規格、後に日本産業規格）の時代の、1959 年になってパッキン座の寸法が規定化されました。資⑫·1

7.3.2　エルボ・T の進化
(1) 管継手全般の進化
1812 年、英国で錬鉄の管継手が開発されました。

1842 年、米国で黒心可鍛鋳鉄製管継手（ねじ込み式）が発明されたのが、今日の管継手のはじめと考えられます。溶接で接続する溶接式管継手はずっと遅れて 1915 年、ドイツで開発されました。資⑬

明治時代の日本では管継手類を全て欧米から輸入していました。

1910 年（明治 45 年）、戸畑鋳物株式会社（現在の日立金属㈱の前身）で日本最初の黒心可鍛鋳鉄管継手が製造されました。その後、他の管継手メーカーも設立され、次第に国産品が使われるようになりました。

1931 年（昭和 6 年）、日本最初の管継手規格として、ねじ込み型の JES 129 号ガス管継手（可鍛鋳鉄製）が制定されました。これが現在の JIS B2301 ねじ込み式可鍛鋳鉄製管継手（図 7-26）の前身です。資㉒

1940 年代に始まった造船業界の急成長による中口径の管継手の需要は米国からの輸入で賄われました。また 1952 年（昭和 27 年）ごろからの、新しい石油プラントや新鋭火力プラントを米国から導入する際に、大口径、あるいは高温高圧用厚肉の溶接式管継手などを併せて米国から輸入しました。

溶接式管継手の国産化は、1947 年（昭和 22 年）日本弁管工業㈱が設立され、1951 年に炭素鋼製溶接式管継手の生産を開始し、従来行われていた手間のかかる焼き曲げベンドや、枝出し T が溶接式管継手に変わってゆきました。資㉑

国産溶接継手の寸法系列は、当初、米国のメーカー製品を基準として国内に取り入れられ、製造されましたが、管継手の口径を国内の鋼管サイズに合わせたものが次第に流通していきました。

図7-26　JIS B2301ねじ込み式可鍛鋳鉄製管継手

図7-27　JIS B2311　一般配管用鋼製突合せ溶接式管継手

　当初2社程度であった管継手メーカーも漸増し、それら各社の互換性、設計の統一性に対する要求が高まり、1959年、工業技術院の委託により溶接式管継手を規格化する審議が石油学会主催で行われ、翌1960年（昭和35年）に石油学会規格として、石油工業用の突き合わせとソケット溶接の管継手規格ができました。これがJIS原案となります。一方、油圧工業用溶接管継手のJIS制定の要望もあり、1965年に両者を一括した溶接式管継手のJISが制定されました（現在のJIS B2311、B2312。図7-27）。[資⑳]

(2) エルボ製造法の進化

　配管の方向を変える管継手であるエルボには曲げ半径の大小により、ロングタイプとショートタイプがあります。エルボの製法は、「回転引き曲げ」、「押し曲げ」「同径および拡管マンドレル曲げ」など、さまざまな方法が提案され、開発されてきましたが、1916年にドイツのハンブルー・ボーリング社が拡管マンドレル曲げ法を開発し、特許を取得、その20年後に米国のチューブ・ターン社が改良特許を取得します。

　この方法が他の製法に較べ、圧倒的に品質、価格で優位性があったため全世界に広まり、現在、ほとんどの規格製品がこの方法（図7-28）で製造されています

(3) T（ティ）製造法の進化

　Tは管路を分岐、合流するためのT字形をした管継手です。Tにおいては、枝管を出すため母管に穴があいているので（穴には内圧を負担する壁がない）、

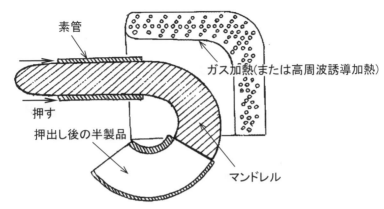

図7-28[注]　**エルボの拡管マンドレル曲げ法**　資㉑より作成

穴の周囲（Tのネック部）の補強が必要で、この部分の壁を厚くする必要があります。

　初期（1954年ごろ）におけるTの成形法の主流は、管にドリルで枝管の内径より小さな穴をあけ、枝管内径に等しい玉を入れ、玉を引抜く、「バーリング製法」あるいは「ローネック法」（図7-29）でしたが、この方法だと、厚くしなければならないTのネック部が一番薄くなるので、管と同等の耐圧性能を満たすことが困難でした。

　これを解決する画期的な方法が1940年に米国で開発された「バルジ製法」

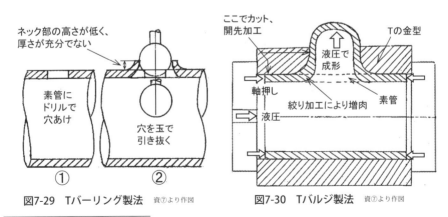

図7-29　Tバーリング製法　資⑦より作図　　　　**図7-30　Tバルジ製法**　資⑦より作図

注：図7-28に見るように、エルボ腹側で素管より厚く、背側で薄くなるのは、内圧を受けるエルボは腹側の周方向応力が背側の応力より高くなることを考えると、耐圧的に理に適っていると言えます

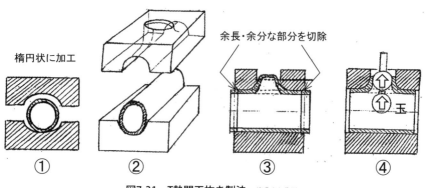

楕円状に加工

余長・余分な部分を切除

玉

図7-31　T熱間玉抜き製法　資⑦より作図

（図7-30）です。現在は「ハイドロフォーミング」と呼ばれ、自動車業界で
よく使われていますが、この方法が最初に適用された製品はTでした。

　バルジ製法は、Tの母管部と同径の素管を金型内に装着した後，内部に液
圧を加えて素管を、内圧と管軸方向の「押込み」（軸押し）により、金型形状
に強制的に沿わせて押し込むことによりTに加工する方法です。加工に1分
間もかかりません。もう一つの製法の、1956年から使われている熱間玉抜
き製法（図7-31）は、現在、主に大径管や厚肉管に適用されています。製造
順序は次の通りです。図7-31において、① Tの母管より大きな径の素管を
楕円に加工し、② 素管を楕円の長軸が圧縮される向きに金型にセットし、③
プレスして、Tの肩の部分（②の状態の頂部）を増肉させ、かつ枝出しをし、
母管側余長と枝の不要部分を切断します。④ 枝部内径に等しい径の玉をTの
内部より、穴を通して、外側へ引き抜きます。資⑭

7.3.3　伸縮管継手の進歩

　18世紀後半、ワットの蒸気機関が発明され、蒸気配管が登場するようにな
ると、配管の熱膨張による管の伸縮を吸収する装置、伸縮管継手が必要にな
ります。当初の伸縮管継手は、1898年発行の文献（資⑭-1）に掲載のスライド式
（図7-32）や、1922年発行の本（資⑰）に掲載の薄い円盤状の板（銅または鋼）
を用いた可とう式（図7-33）や、1930年発行のハンドブック（資⑲a）に掲載の、
ベローズまがいに加工した薄い銅板のたわみを利用したもの（図7-34）など
がありました。初期のベローズ式管継手と思われるのが、図7-35で1898年

発行の本 (資⑪-1) にあります。ベローズとフランジ端部の接合法は明らかでありませんが、銀蠟であったかもしれません。

　1945 年出版のハンドブック (資⑲b) では、ベローズ式伸縮管継手に各段の進歩が見られ、図 7-36 のように、銅板を円筒状にした素管を用いて波形筒状管の成形ベローズを採用しており、さらに、現在の製品にも使われている、ベローズの耐圧性を高める調整リングがすでに使われており、この間のベローズ式伸縮管継手の進歩の跡を見ることが出来ます。

　近代的な金属ベローズは、ロール成形法で製造された単層ベローズ（図 7-37 A）が使用されましたが、1960 年代前半、船舶の大型化に伴い、より高圧力で疲労にも強いベローズが求められるようになり、多層ベローズ（図 7-37 B）が開発されました。高圧力に耐えるには、ベローズの厚さ（多層の場合はその

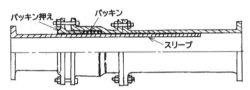

図7-32　スライド式伸縮管継手　資⑪-1より作図　　**図7-33　可とう式伸縮管継手**　資⑰より作図

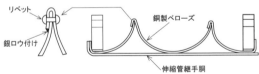

図7-34　ベローズまがいの伸縮管継手　資⑤、⑲aより作図

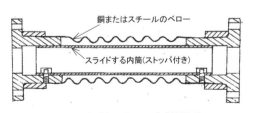

図7-35　初期のベローズ式管継手
資⑪-1 より作図

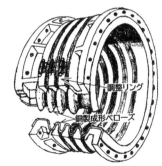

図7-36　銅製成形ベローズ伸縮管継手
資⑤、⑲bより作図

A:　U形単層ベローズ　　　　B:　U形多層ベローズ　　　　C:　Ω形ベローズ

図7-37　ベローズの進化　資⑤

全厚さ）を増やす必要があり、疲労に強くするには、板厚をできるだけ薄くする必要があり、両者に適ったものが多層ベローズになります。また、高圧に耐え、疲労にも強いベローズの一形態として、ベローズ断面を円形とし、応力集中を軽減したΩ形ベローズ（図7-37 C）が1970年頃に開発されました。資⑤

7.4　配管ハンガ・サポート

　配管用ハンガ・サポート（配管支持装置ともいう）は、地上、空中にある配管の重量を支え、その位置を安定的に保つ装置です。

　産業革命以前の、産業がなかった長い時代には、配管（水路）のサポートは図1-7、1-8のように石を積みあげたり、図4-7、4-8のように木の棒を組んだものでした。

　産業革命以降に生まれた近代産業の発達は、空中の配管を支えるために、ハンガ、サポートを必要としました。そして生まれたのが、登場順に、リジットハンガ、スプリングハンガ、コンスタントハンガです。

(1) リジットハンガ

　リジットハンガは配管の垂直方向の移動（変位）が少ない箇所に使用されます。文献調査から、1900〜1910年ごろには図7-38のような、各種タイプのリジットハンガが使われていました。金属製のボルト、ナットは16世紀中ごろには既に世に出ているので、もっと以前から、さらに原初的なものが存在したと考えられます。サポートを上から吊る場合、現在なら形鋼にブラケットを溶接し、そのブラケットからハンガを吊りますが、図7-38に見るように、1900年代初頭、まだアセチレンガス溶接（8.2.1項参照）も普及していなかった当時は、壁から吊る際のブラケットは鋳鉄製で、形鋼から吊る場合は、形鋼のフランジの両側を爪のある金具で挟んでハンガを吊るしました。

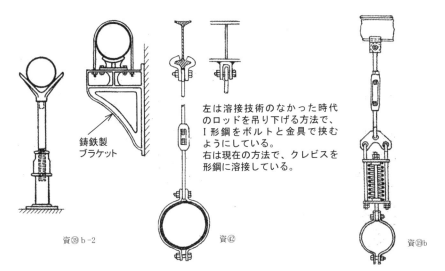

左は溶接技術のなかった時代のロッドを吊り下げる方法で、I形鋼をボルトと金具で挟むようにしている。
右は現在の方法で、クレビスを形鋼に溶接している。

鋳鉄製ブラケット

資㊴b-2　　　　　　資㊷

資⑲b

図7-38　初期のリジットハンガ　　　図7-39　初期のスプリングハンガ

(2) スプリングハンガ

　1810年代から、蒸気ボイラが普及し始め、蒸気温度が上がってくると、配管の垂直方向の移動に対応できるハンガが必要となります。先ず生まれたのがスプリングハンガ（バリアブルハンガともいう）です。このハンガは垂直移動（変位）の吸収はコイルスプリングの伸縮で行うので、垂直移動に伴い、支持荷重が変化するという短所があります。

　本書表紙カバーの主蒸気管の図 (資㊴c) にはハンガ式のスプリングハンガが見られ、本章扉（155頁）の火力発電所の排気管の図 (資㊴b-3) にはスタンド式のスプリングハンガが見られるので、スプリングハンガは1910年ごろには実用化されていたと考えられます。図7-39は初期のころのスプリングハンガを示します。溶接が普及していなかった1900年代前半までは、製作するのに溶接が必要なハンガケースが付いていません。その後、ケースがつき、支持荷重を示すスケールが付いて、図7-41Aのような形になり、現在に到ります。

(3) コンスタントハンガ

　ボイラの蒸気温度がさらに上がると、それに伴い、配管の垂直移動も大きくなります。コンスタントハンガは配管の垂直移動があっても、ハンガ支持荷重の変わらないハンガで、配管に大きな垂直移動量があって、スプリング

ハンガではハンガ支持荷重の変動が大きすぎる場合に使用します。

　最初のコンスタントハンガは、重さバランス式のコンスタントハンガで、図7-40 A は、その最も単純なタイプ、本章扉（155頁）右上の図 ^(資㊴b-3) は、1910年頃、火力発電プラントの高温の主蒸気管に使われたものです。構造が簡単ですが、ハンガ荷重が大きくなると、大きな設置スペースが必要になったり、ハンガの自重が過大になったりするので、スプリング式のコンスタント・ハンガにとって代わられました。

　米国で、2個のコイルばねを組み合わせたコンスタントハンガが商品化されたのは1940年頃と思われ、1945年の文献 ^(資㊴b) には、火力発電所の蒸気タービン主蒸気管に多数のコンスタントハンガとスプリングハンガが使われている図が掲載されています。

　図7-40 B は1954年（昭和29年）頃、米国より輸入して使用されたコン

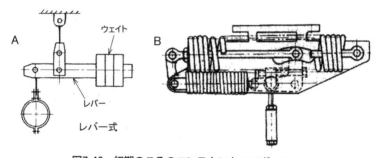

図7-40　初期のころのコンスタントハンガ　資④

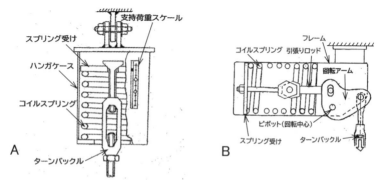

図7-41　現在のスプリングハンガ（A）とコンスタントハンガ（B）　資㉘

スタントハンガの近似型で、現在のコンスタントハンガが登場するまでの過渡的な役割を果たしました。資④

　スプリングハンガもコンスタントハンガも、国産化は 1950 年代前半で、それ以前は輸入されていました。

　図 7 -40 B は現在のコンスタントハンガで、コイルスプリング（1ケ）とリンク機構により、垂直移動があってもほぼ一定荷重を保てます。複数のコイルばねを用いたコンスタントハンガもあります。

第7章　引用・参考資料

①伊藤一成：調節弁の歴史, 配管技術研究協会誌　2001 年秋季号
②鈴木雄三：電動弁アクチュエータの歴史, 配管技術研究協会誌　2001 年秋季号
③芦田勝彦：スチームトラップの歴史, 配管技術研究協会誌　2001 年秋季号
④石川英夫：配管支持装置の歴史, 配管技術研究協会誌　2001 年秋季号
⑤宮本悦郎：伸縮管継手の歴史, 配管技術研究協会誌　2001 年秋季号
⑥島田昌作：大型バタフライ弁の歴史, 配管技術研究協会誌　2001 年秋季号
⑦吉本実始：配管用管継手の製造方法とその特徴, 配管技術研究協会誌　2017 年秋冬号
⑧ C.J. シンガー，田辺振太郎訳：技術の歴史 8 巻　　筑摩書房　　-1:426 頁、-2:431 頁
⑨椎木　晃：海外のバルブ　その 14 リフト弁の成り立ちと現状, バルブ技報　87 号
　　日本バルブ工業会
⑩ R. ペック, 中沢護人訳：鉄の歴史 4 巻の 1　　たたら書房　　321 頁
⑪若狭　裕：プロセス制御システムの技術系統化調査, 国立科学博物館
⑫竹下逸夫：プラント配管の歩み　自家出版　（1983）　　-1:94,95 頁、-2:100 頁
⑬竹下逸夫：化学プラント配管工事の変遷　自家出版　（1992）　　15 頁
⑭吉本実始：雑誌　配管技術　2019 年 6 月号　　60、61 頁
⑮バルブ工業の歩み、日本バルブ工業会　（1974）
　　-1:95 頁、-2:124 頁、-3:124,125 頁、-4:205 頁、-5:221,222 頁、-6:276 頁
⑯自動弁の世界　日本バルブ工業会ホーム頁
⑰旧横浜水道公園（2021 年 9 月末を以て閉鎖）
⑱ベンカン機工ホーム頁
⑲a S. Crocker：Piping Handbook　第 1 版　（1930）
⑲b S. Crocker：Piping Handbook　第 4 版　（1945）　733 頁
⑳ JIS B 2311、2312 の解説　日本規格協会
㉑製品物語「溶接式管継手」（株）ベンカン機工発行図書
㉒沼田真人：水道用バルブの歴史的な話、　水道バルブ協会　-1:13 頁、-2:19 頁
㉓ The Gate Valve's Long History
　　https://unitedvalve.com/blog/the-gate-valves-long-history/
㉔ What is a Valve　https://www.weldingandndt.com/what-is-a-valve-part-1/
㉕ Valve History　http://www.stoneleigh-eng.com/valvehistory.html
㉖米国 United Valves のホーム頁、"History of Valves ― Industrial Valves
　　https://unitedvalve.com/industry-information/historical-valve/
㉗アクチュエータ　Wikipadia
　　https://ja.wikipedia.org/wiki/%E3%82%A2%E3%82%AF%E3%83%81%E3%83%A5%
　　E3%82%A8%E3%83%BC%E3%82%BF
㉘西野悠司：プラント配管の原理としくみ、日刊工業新聞社　（2020）　173 頁、176 頁
㉙ The History of Control Valves　https://www.globalspec.com/

reference/13607/179909/chapter-2-the-history-of-control-
㉚ ASME B16.5 History
https://cstools.asme.org/csconnect/FileUpload.cfm?View=yes&ID=55689
㉛ What was the'valve'used in the ancient Roman water supply?
https://gigazine.net/gsc_news/en/20200226-ancient-roman-valves/#:~:text=In%20fact%2C%20a%20bronze%20valve,are%20welded%20using%20molten%20lead
㉜ David A. Waples：The Natural Gas Industry in Appalachia McFarland Company
-1:136 頁、-2:137 頁
https://books.google.co.jp/books?id=EedYrOtmmEkC&pg=PA138&lpg=PA138&dq=gas+ pipes+fueling+the+Barcelona+Lighthouse&source=bl&ots=GSVC1FkGHu&sig=ACfU3U0O1hWOt0I387tAzOevzILFGiQ2rQ&hl=ja&sa=X&ved=2ahUKEwiLlbXJlePzAhXEAYgKHSUBAa8Q6AF6BAgbEAM
㉝ US865631A-Check-Valve.-Google Patents　(1907)
https://patents.google.com/patent/US865631A/en
㉞ CHAPMAN Tilting Disc Check Valve
https://docecity.com/chapman-tilting-disc-check-valve-5f10453d28b51.html
㉟ What was the'valve'used in the ancient Roman water supply?
https://gigazine.net/gsc_news/en/20200226-ancient-roman-valves/
㊱ Wikimedia lever safety valve　https://en.wikipedia.org/wiki/Safety_valve
㊲ハックマンが 1828 年にノートに残したスケッチ
https://s3-eu-west-1.amazonaws.com/lowres-picturecabinet.com/43/main/7/85745.jpg
㊳ F. ジョーンストーン・テイラー：Water Power Practice　(1927)
https://s3-eu-west-1.amazonaws.com/lowres- picturecabinet.com/43/main/7/85745.jpg
㊴a George Frederick Gebhardt：Steam Power Plant Engineering、(1908)　581 頁
㊴b George Frederick Gebhardt：Steam Power Plant Engineering、(1913)
-1:658 頁、-2:698 頁、-3:699 頁、-4:743 頁
㊴c George Frederick Gebhardt：Steam Power Plant Engineering、(1917)　739 頁
㊵ Marc Hellemans：The Safety Relief Valves Handbook　ELSVIEKL 2 頁
㊶ Frederic Remsen Hutton：The Mechanical Engineering of Power Plants、 初版
John Wiley & Sons　(1898)　-1:354 頁、-2:358 頁、-3:614 頁
㊷ Tables of Piping Standards　Pittsburgh Piping and Equipment Co.（1919）　67 頁
㊸ Weekly Power：Hill Publishing Co.　(Nov.1911)　738 頁
㊹米国　Crane Co. CATALOGUE No.50　(1917 年 6 月)　221 頁
㊺写真提供　日本ギア工業株式会社
㊻ A Handbook on Piping　D.Van Nostiland Co.（1918）　98 頁
㊼ A Handbook on Piping　D.Van Nostiland Co.（1922）　176 頁
㊽ Archibald Williams：How It Works、 Project Gutenberg eBooks
㊾ Croton Aqueduct Wikipedia　CC
https://en.wikipedia.org/wiki/Croton_Aqueduct
㊿ Catarogue of Gate Valves and Fire Hydrants、　Chapman Valve Mfg.Co.（1888）
(51) Philip R.Bjorling：Pipes and Tubes their Construction and Jointing
Whittaker and Co.　(1902) Internet Archive　68~71 頁
(52) JIS　B2301 の解説　日本規格協会

第8章 配管の設計・製作・据付の変遷史

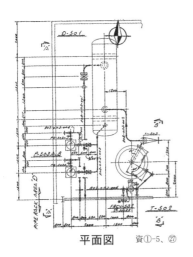

平面図　資①-5、㉗

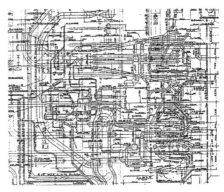

手がき配管レイアウト　資⑬

3D CAD 配管レイアウト　資⑬

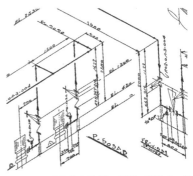

アイソメトリック図　資①-6、㉗

8.1　設計の手法

8.1.1　配管図作成方法の進歩

(1) 設計・製図

　1950 年代中ごろまでは、配管ルートを示す「配管図」（ある区画内の主要な配管全てが示されている場合「配管レイアウト」という）では、配管は一本、あるいは、中心線と 2 本の実線で表わしましたが、複数の配管が、同じ平面位置で、上下に重なることが多く、このような場合、平面図から、配管を立体的にイメージするのにかなりの「年季」を必要としました（図 8-3 A）。

　1953 年（昭和 28 年）ごろ、米国の石油精製企業から、Plan and Isometric 方式が導入されました。これは、平面図とそれを鳥瞰的にあらわしたアイソメトリック図（略して「アイソ」とか「アイソメ」と呼ぶ）が並載されているものです（図 8-1）。アイソメトリック図には配管が重なって表示される部分がなく、配管設計が仕事でない人が見ても、配管ルートを立体的にイメージできるので、日本でも急速に普及しました。

　配管図を関係者に配布するためには、図面の複写が必要です。明治時代から 1950 年（昭和 25 年）ごろまで行われていた正式の複写法は、製図用紙として、ケント紙とか画用紙、あるいは大判の方眼紙を製図板に画鋲で止め、製図者が T 定規、三角定規、竹製の三角スケール、曲線定規、コンパス等を使い、JES-119 の規格に基づき、鉛筆書きで原図を描き、次にこの原図の上

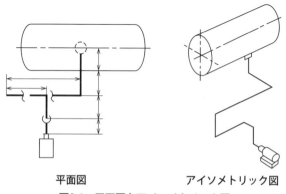

平面図　　　　　　　　アイソメトリック図
図8-1　平面図とアイソメトリック図

図8-2　烏口、T定規と製図台　　　　　　　写真8-1　アーム型ドラフター　資⑲

にトレシングクロスと呼ばれた薄くて目の粗い布に、透明な樹脂液をコーティングした半透明シートを載せ、画鋲で止め、鉛筆書きした線の上をトレーサーが烏口（からすくち）を使って丁寧に墨入れ、すなわち、トレース（写図）をして、青写真焼き付け用の原図を作成しました。墨入れ技術は難しく、完成間近の図も一寸の油断からオシャカになることも度々だったということです（図8-2）。

　その後、複写技術の発達によりトレシングペーパー（Tracing Paper）に直接、鉛筆書きされた原図から複写がとれるようになりました。資⑥-1

　図面上に人が手で水平線を引くときはT定規で、垂直線を引くときはT定規と三角定規の組み合わせで、平行に滑らせながら線を引きますが、1953年に製図機器として、武藤与四郎（武藤工業㈱創始者）が開発したアーム型ドラフター（写真8-1）が発売されました。このドラフターは平行移動と角度表示の機能を持っていて、T定規や三角定規を使わずに線が引けたので、図面を高精度かつ高能率に作成できるようになりました。

（2）CAD（Computer Aided Design）

　コンピュータの発達（8.1.2項参照）に伴い、コンピュータの助けを借りて配管レイアウトを機械で描かせようというCADの試みは、1960年代中ごろから始まります。初期の方式は、座標データをディジタイザ兼ドラフタにライトペンで入力し、それをコンピュータ処理し、図として出力するものでした。

　製造業がCADを取り込み始めるのは1970年代後半からです。資⑯

　1980年ごろになると、入力は画面上で対話方式で行うようになります。

　1983年にパソコン（PC）向けの最初のCADプログラムAutoCAD1.0が
リリースされます。同時に、従来、2次元CAD（2D CAD）であったものが、
3次元CAD（3D CAD）が可能になり、1985年ごろから3D CADが普及し
ます。

　近年の配管レイアウト計画用の2Dあるいは3D CADシステム（図8-3 B）
は、通常使用する管、管継手、バルブなどの基準寸法が標準として備わって
おり、また、建屋、機器の形状に関する電子データを関係部門から入手、ダ
ウンロードできます。配管ルートの図面情報はI/Pしますが、前述の、標準デー
タ、建屋、機器データなどを利用して、能率的に配管レイアウトの作画を進
めることができます。また、管がぶつかる干渉を自動的にチェックし、レビュー
のためには平面図だけでなく、任意の断面、任意の角度から見た図を瞬時に
表示し、また、実際の現場の通路に沿ってパトロールするかのように動画で
示す「ウォーキング・スルー」という機能もあります。配管レイアウトのデー
タを使って、材料集計、プレファブ用のアイソメ図の作成、熱応力解析など
もできます。

　これら機能をもったものをCAEシステムと呼ぶこともあります。

8.1.2　計算・解析方法の変遷
(1) 計算尺
　1620年、英国の天文学者、エドモンド・ガンターが、航海において星の

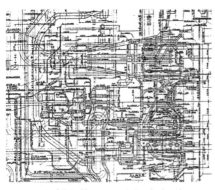

A 手がき配管レイアウト（2次元）　　　　　B 3次元CAD配管レイアウト

図8-3　配管レイアウト図作成方法の進化　資⑬

写真8-2　長尺の計算尺

位置から船の位置を計算する膨大な計算量を処理するため発明した、対数尺度を使ったガンター尺が計算尺のはじめです。

　1894 年（明治 28 年）、ドイツ製計算尺が日本に紹介されました。

　1895 年（明治 42 年）、辺見治郎が計算尺の製作研究に取り掛かります。

　1909 年、辺見治郎が「孟宗竹」で作った竹製計算尺を完成します。

　1920 年（大正 9 年）、第一次世界大戦でドイツの計算尺の生産が途絶え、竹製計算尺が国内外に広まります。ゼロ戦や東京タワーの設計に使われ、電卓が出回る 1980 年代まで、計算尺は技術者の座右の利器となりました。資⑧

　当協会の元専務理事、小泉康夫氏の回想：「ヘンミ社の 30cm 汎用計算尺が一世を風靡しましたが、この倍の 60cm というのがあり、もって歩くと薙刀を小脇に抱えて歩くように見えたものです（写真 8-2）。

　計算尺はアナログである関係上、視覚に訴えるものがあり、『あと 1cm ぐらい余裕があるから良いことにしよう』などと変に妥協することができます。汎用のほか、『損失水頭計算尺』などという変なものもあって、裏表を使って計算するわけですが、取り扱いが難しく、計算してから汎用計算尺で検算するという羽目になります。古くなると素材の竹が反って動かなくなるので、時々摺動部に蝋燭を塗って、布で艶を出してやる必要があり、その道の達人に言わせると、計算尺を垂直に持って立てると中の移動尺がツツツと下がり、途中で止まって下に落ちないのが最良であると言います。」資⑫

(2) タイガー計算機

　大阪で工場を経営していた大本寅治郎が 4 年半の研究の末、大正 12 年に完成、販売を開始します。社名は最初「寅」に因んで「虎印計算機」としましたが、さっぱり売れないので、舶来品らしく「タイガー」に変更されました。

　関東大震災後、東京に復興の機運がみなぎり大建造物、大工場の建設が始

められましたが、鉄筋・鉄骨造りの建築物や大工事には強度、その他の計算を必要とし、しかも算盤や筆算では間に合わず大量の計算機が必要となり、計算機が普及するようになりました。その後も、便利さから官公庁方面への需要が高まり、米国など外国にも知られるようになりました。1937年（昭和12年）には電動式が完成しました。

　1950年代には、複数の会社が手回し計算機を製造していましたが、他社の製品も、人はタイガー計算機と呼んでいました。

　配管ラインの熱膨張により発生する応力を評価する配管フレキシビリティ計算は、今ではパソコンソフトを使って、あっという間に結果がでますが、1960年代中ごろまでは、M.W.Kellogg社の「Design of Piping system」やSpielvogelの「Piping Stress Calculation Simplified」などの方法で、タイガー計算機を手で回して計算するのですが、一つの配管ラインで数日間ハンドルを回し続けることもありました。

　1953年（昭和28年）から1970年まで価格は一貫して3万5千円でした。1964年（昭和39年）トランジスタ式電卓が発売され、数年のうちに計算機業界を席捲した結果、1970年（昭和45年）、タイガー手回し計算機は惜しまれつつ製造を終了しました。

　前出の小泉康夫氏の、電動タイガー計算機についての回想：「黒い円筒型の筒に数字のイボイボが15個ぐらい付いており、右側のハンドルをガリガリ回して加減乗除を行う手回し計算機がありますが、このハンドルに電動機をくっつけて高速化したものです。手回しの方は道路作業ほどハードでないにしても、肉体労働には違いないので、汗かきながら腕も折れよと回し続けるため、役場か中小企業（失礼）にふさわしく、一方電動の方は大企業オフィス向け

写真8-3　手回しタイガー計算機 資⑨

写真8-4　PC-8001 資⑳

と言えますが、うなりを上げて計算しているのを見ると、高尚な事務所が町工場を彷彿とさせる騒音に満たされ、けだし壮観でありました。これなど現存すれば博物館行き、間違いなしと思われます。」資⑫

(3) 電卓（電子式卓上計算機）

「電卓」は、「電子式卓上計算機」の略称です。1957 年（昭和 32 年）、カシオは騒音の原因となる歯車を持たずに、電気回路で計算処理する電気式計算機（継電器を使っていたため、リレー式計算機とも呼ばれた）を完成させます。これが電卓の前身です。

　1962 年（昭和 37 年）、英国のメーカーが真空管を使った電子式計算機を発表。電子式は電気式にくらべ、はるかに高速で、無音、そして卓上サイズが可能でした。この世界初の「電卓」を皮切りに日本のメーカーも電卓の開発に乗り出します。日本のメーカーが開発した電卓は演算素子にトランジスタを使ったもので、1965 年（昭和 40 年）カシオがメモリー機能を持った電卓を発売します。演算素子はその後、LSI に代わり、電卓は更に小型化し、1971 年日本のメーカーから乾電池駆動の LSI 電卓が発売されました。価格も下がり、電卓はオフィス用から個人用になってゆきます。1972 年には、技術者向けの関数電卓が発売されました。技術革新の驚異的なスピードの中において、電卓は今でも使われ続けています。資⑩

(4) コンピューター、パソコン

　コンピュータ（電子計算機）は、1950 年代に登場し始めます。

　1951 年、世界最初のビジネス用コンピュータ UNIVAC が発売されます。

　1954 年、真空管式のバローズ E101、IBM704、705 などが発売されます。

　1960 年、トランジスタ式の IBM7090 がレンタルを開始。続いて GE635 などが世に出ました。

　1960 年代中ごろから多量の計算を要する配管フレキシビリティ解析などに大型コンピュータが使われるようになり、タイガー計算機を回す作業から完全に解放されてゆきます。

　1979 年、日本電気（NEC）が、パーソナル・コンピュータ、PC8001（写真 8-4）を発売、1980 年代からパソコン（パーソナル・コンピュータ）が急速に普及しだし、1990 年ごろには文字通り一人一台の時代となり、複雑な解析計算も机上のパソコンで処理し、解析結果を瞬く間に見られる時代がやっ

てきました。

　前出の小泉康夫氏の回想：「初期の計算機のことであるが、昔いた会社で新型を導入しようということになってT社の64kBメモリ機を5年リースで借り受けましたが、本体は大型ロッカー3個分あり、それぞれ天井には換気扇がついていて、起動するとウォーンという音響を発し、『さ、働くぞ！』という気概がひしひしと伝わってくるものでありました。ちょうど磁気メモリから半導体メモリに移行する時期だったため、電源を落とすと只の箱となってしまい、ロッカーの前に並んだスナップスイッチを上げたり下げたりして目を覚まさせてやり、紙テープリーダーにフォートランを書き込んだテープをセットして回すと、ここで初めて箱から計算機に変身させることが出来ます。この間、約40分を要したと記憶します。

　折しも秋葉原で世界の名機PC8001が発売となり、こちらの方はBasic・カナ文字表示ながら電源を入れると立ち上がり、カセットテープでプログラムが保存できるというので、どっちが高級機かわからなくなってしまいました。」資⑫

8.1.3　配管レイアウトのデザインレビュー方法の変遷

　デザインレビュー（略してDRという）は、1950年代後半、米国より「信頼性技術」と一緒に日本に紹介された信頼性管理の一手法です。日本導入後、それは形を変え、日本独自のデザインレビューへ発展しました。

　配管、特にプラント配管には、当の配管設計部門の他に、その上流の部門（例えばプロセス設計）、関連機器（熱交換器、原動機、ポンプなど）の設計部門、電気計装、下流の製造、試験・検査、据付、試運転などの各部門が関わりあいをもっており、それらすべての部門が参加して、その配管系が信頼に足る配管であるかを、図面を中心にレビューするものです。設計審査とも呼ばれます。

　プラント設計エンジニアリングの中核をなす配管レイアウトのDRは1970年代半ばまでは、手書き図面でレビューが行われました（図8-4 A）。エレベーションで層を区切り、各層ごとに50A（ないしは65A）以上のすべての配管と、ケーブル、ダクト、機器、建屋の外形を入れた配管レイアウト図は、配管密集部の配管ルートを読み取るには、配管図を読みなれた人でないと難しいと

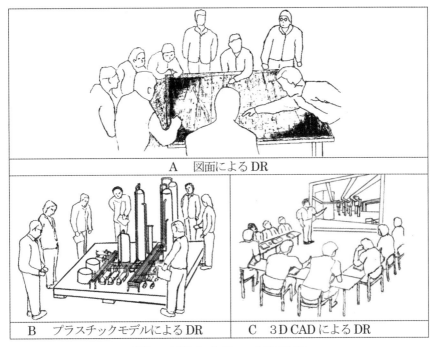

A　図面による DR

B　プラスチックモデルによる DR

C　3D CAD による DR

図8-4　デザインレビュー方法の変遷

ころがありました。

　1980 年代になると、より詳細に、かつ容易に配管レイアウトのレビューのできる方法として、図面と併用するかたちで、プラントの 10 分の 1 から 25 分の 1 に縮尺したプラスチックモデルを作って、レビューが行われるようになりました（図 8-4 B）。プラスチックモデルは配管レイアウトを、あたかも実物を見るかのように理解できるメリットがありました。モデル用部品の管、管継手、バルブなどは当初は米国から輸入され、後に国産化されましたが、モデル材料費と、モデルの製作、配管ルート改正に伴う修正作業にかかる人件費は多額なものとなりました。

　1980 年代後半になると、8.1.2 項で述べた 3 D CAD により作られたモデルを大型スクリーンに映し出し、実際の配管を見るように、必要あればウォーク・スルー機能を使い、現場をパトロールするようにレビューすることが可能となりました（図 8-4 C）。

8.2　配管の製作

8.2.1　接合技術の変遷 ― はんだ付け、ねじ込みから溶接へ

(1) はんだ付け

　配管に最初に使われた接合法は「はんだ付け」と考えられます[注]。はんだは、融点が低い、232℃の錫と327℃の鉛の合金で、その融点はさらに下がって200℃です。古代ローマの鉛管（図4-4参照）の長手継手は継手間の隙間にはんだを流し込んで接合しましたが、たぶん錫の価格が高くなったためと思われますが、次第に鉛の量が増えていき、ついに純鉛になってしまいました。[資㉖]

　ベルサイユ宮殿の鉛管の接合には、はんだが大量に使われました。

(2) ねじ込み

　金属製のねじは、13世紀末、イタリアに金属製時計が登場したことにより、その需要が高まり、以後、その製作のため小型の旋盤が発達します。

　1800年、英国の技術者、ヘンリー・モズレーは、産業用として最初の実用的な旋盤（たとえば、バイトを取り付けた工具台が旋盤本体に対し、正確に平行移動する）を発明し、正確なねじが量産できるようになります。

　しかし、ねじに標準がなかったため、異なる形状、寸法のねじが多数できて、互換性がありませんでした。この問題を解決するため、モズレーの工場で働いていた、ジョセフ・ウィットワースは、1841年、英国の工場で作られた多数のねじのサンプルを集め、検討した結果、ねじ山の角度を55度とし、1インチ当たりのねじ山数をサイズごとに標準化することを提案します。彼の提案は1860年代に英国で標準化されました。

　一方、米国では1864年、W.セラーズが、ねじ山角度60度とし、径ごとの複数のねじピッチの標準を提案します。これが米国標準の並目、細目ねじ、となります。

　管用ねじにも角度55度と60度があります。日本では、1927年(昭和2年)、55度の方が採用されました。管用ねじには、機械的結合に重きを置く平行ねじと気密性に重きを置くテーパーねじ（テーパー：1/16）がありますが、配管用にはテーパーねじが使われます。[資①-1]

注：銀、銅の合金で、融点700℃の銀ろうは、はんだより歴史は古いですが、あまり配管には使われなかったようです。

　日本において、1930年代初めのころ、主に使用されていた管はガス管[注]ですが、バルブ、管継手は鋳鉄製や可鍛鋳鉄、あるいは砲金製で、これらの接合は「ねじ込み式」でした。

（3）アセチレンガス溶接

　アセチレンガスは1836年、英国のエドモンド・デービーによって発見され、強烈な灯りの元として利用されていました。1895年、フランスの化学者、ル・シャトリエはアセチレンガスに酸素を混合させたガスの炎がいかなるガスの炎よりも高温を出すことを発見し、十分な量の酸素とアセチレンガスが得られれば、溶接に利用できるはず、と考えます。[資㉑]　そしてそれらの条件が満たされるようになった1905年、フランスでアセチレンガス溶接機が使われるようになります。

　日本では、1930年代半ばころから、カーバイトを水に浸けて発生させたアセチレンガス（これをカーバイト方式という）に酸素を供給し、点火した3300℃の炎が鉄の切断に使われ、また、それまでサポートや架台に使われていたリベット接合がガス溶接に変わりました。しかし、管の溶接にはまだあまり使われませんでした。

　カーバイト方式は、当初、図8-5 Aのような逆火爆発防止用水封式安全器つきのガス発生器が使われました。1950年（昭和25年）頃よりボンベ入り

図8-5　昔のアセチレンガス発生装置（A）と台車に乗せた装置一式（B）

A：資① -10より作図　B：資㉔

注：1925年、旧JESに指定されました。今の配管用炭素鋼鋼管SGP

の溶解アセチレン[注1] が現れ、酸素ボンベと一緒にリヤカーに積むことができ、運搬が楽になりました。[資①-2]　図8-5 Bは米国における運搬車です。

8.2.2　アーク溶接時代の到来

　世界最初のアーク溶接は、フランスの実験室で働いていたロシア人の発明家、ニコライ・ベナルドスによって開発された、炭素電極を使ったアーク溶接で、1881年（明治14年）、パリで開かれた国際電気博覧会に展示されました。電源の一つの極を鉄の母材に、もう一つの極を炭素棒につなぎ、両極の間に生じるアークによって鉄を局部的に融解するものです。1880年代には、英国、フランス、米国などで、炭素アーク溶接が相次いで開発されました。こうして炭素アーク溶接は1890年代後半から1900年代前半にかけて使われましたが、まだ小さな機械部品や装飾用鉄器などの接合に使われる程度でした。[資③]

　1892年、ロシアのN.G.スラビアノフが金属電極と金属板との間にアークを発生させ、金属板を溶融させると同時に電極も溶融させ、その溶けたメタルを溶接部に供給する「金属アーク溶接法」を発明します。

　1907年、スウェーデンのオスカー・チェルブルヒは、短い裸の鉄のワイヤを、濃い炭酸塩とケイ酸塩を混ぜたものに浸けた後、乾燥させた溶接棒を発明しました。これが現在の被覆溶接棒[注2] の原型です。[資②、資⑰]

　被覆溶接棒を使ったアーク溶接のしくみを図8-6に示します。

　日本では、1904年（明治37年）に、三菱長崎造船所が鋳鋼品の鋳物疵（きず）補修用に炭素アーク溶接機を導入したのがわが国最初の溶接機と言われています。電源は直流200ボルトでしたが、今日のようなコンパクトな溶接機ではなく、機体はとても大きなものでした。自家発電による直流を、変圧器を通し、さらに水抵抗器を通したものであったと言われています。炭素アークは極めて高温であるため厚肉ものには適していますが、薄肉の鋼板類には不向きのため、使用範囲は限定されていました。

　注1：ボンベ内に詰め込まれた石綿と木炭の粉末にアセトンを含ませ、これにアセチレンガスを溶解させたもの。
　注2：溶接棒の心線を覆う被覆材は「フラックス」と呼ばれ、その主な目的は次の通りです。（1）アークの発生、安定化、保持を容易にする。（2）被覆材がアーク熱で分解し、ガスとなってアークの周りを覆い、またスラグとなって溶接金属の表面を覆って、大気中の酸素や窒素が溶接金属中に侵入するのを防ぐ。酸素と窒素は溶接金属の機械的性質を低下させ、また気孔の原因となります。

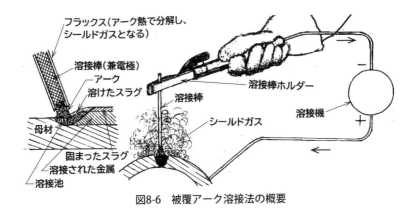

図8-6　被覆アーク溶接法の概要

　1915年（大正4年）、三菱長崎造船所がスウェーデンより直流溶接機と被覆溶接棒を購入し、その優秀性が注目され、以後、長く直流溶接が主流となります。

　1919年（大正8年）、米国より輸入された交流溶接機はアークが不安定で、成果は芳しくありませんでしたが、交流電源が使える便利さから交流溶接機が研究され、国産の交流溶接機の開発につながりました。

　溶接棒はスウェーデン、英国、米国などから輸入され、そのうちに国産品も出てきましたが、品質が悪く、輸入の時代が続きます。

　1930年（昭和5年）、神戸製鋼所が被覆アーク溶接棒の製造を開始、まず社内の補修溶接用として、フラックスを手塗りした溶接棒の生産を始めます。 その後、海軍と協力して高級溶接棒の国産化に成功、1942年（昭和17年）、イルミナイトを主成分とするフラックスを使った、現在も世界的に有名なB-17を開発します。資①-2

　溶接の良否をきめる主なものは、母材、溶接棒の適否、溶接工の技量です。溶接工の技量は早くから深い関心が持たれ、企業が独自に溶接工の養成を行い、また各業界が独自の技量検定制度を作り実施していましたが、社会的な公認や統一されたものでなかったので、いろいろな問題が起きました。

　1941年（昭和16年）、各業界の制度を統一し、臨JESに初めて公認の技能検定制度が設けられます。これが、その後、改訂を重ねて、今日のJISに引き継がれます。各業界は、業種によりそれぞれ異なる特徴を持っているため、基本的にJIS資格を取得し、さらに独自の検定制度に合格することを条件と

しています。すなわち、ボイラー溶接士や電気事業法、ガス事業法によるもの、等々があります。

　しかし、石油業界では、石油各社が定めた技量検定法に合格する必要があったため、溶接士は各社ごとの資格を持つ必要があり、業者は溶接工の養成、確保に大変苦労しました。そして、ようやく 1962 年（昭和 37 年）、JPI（石油学会）の溶接士技量検定基準が制定され、この免許は日本全国どこででも通用することになりました。

　溶接技術の専門教育の面では、1944 年（昭和 19 年）大阪大学に初めて溶接工学科が設けられ、その後、溶接工学科を設ける大学が増えました。また、戦後、公共職業訓練所が各地に開設され、溶接工の養成とその検定が行われるようになりました。資①-3

8.2.3　プラント配管溶接の進歩

　1940 年代初めになって、アーク溶接による管の突合わせ溶接が見られるようになりますが、配管工事はまだねじ施工が主体で、溶接は大径管に取り付けるフランジ、バンド、ブラケット、サポート類の製作、取付が主でした。つまり、耐圧部の接合に、溶接はまだ殆ど使われていませんでした。

　1940 年代末ごろからねじ接合は次第に溶接に変わっていきました。資⑥-2

　アーク溶接の信頼性が高まると共に、1955 年ごろには溶接式の管継手が現れ、漏れに対する信頼性から、フランジ付き管継手は姿を消してゆきました。資①-7

　通常の管は口径が小さくて人が管の中へ入れないので、管の外側からしか溶接できず、初層の溶接金属の裏面（すなわち、管内面）は大気にふれていますが、裏波（裏面にできる溶接ビード）を出すことができず、また気孔（ブローホール）ができたり、溶接金属が下に溶け落ちたりするので、これを防止するため、管内側にリング状の裏当て金をあてるなどしていました。

　1941 年、米国、ノースロップ社の技師、ラッセル・メレディスはイナートガス・タングステン溶接、すなわちティグ溶接を完成させ、特許化します。資⑱

　ティグ溶接は管内をアルゴンガスでバックシールしつつ、殆ど消耗しないタングステン電極とアルゴンガス噴出ノズルを備えたトーチで母材との間にアークを作り、溶加棒で溶接部にメタルを供給する溶接方法です。この特許

は後にリンデ・エアー・プロダクツ社に譲渡され、水冷のトーチが開発されます。資②

　日本では 1965 年（昭和 40 年）ごろからティグ溶接機が出回るようになり、比較的容易に裏波が出せることから、周継手の初層溶接によく使われるようになりました。溶着速度（g/min）が小さいので、第 2 層以降は被覆アーク溶接で行われるのが一般的です。

　また現在、省力のため配管の組立に半自動溶接、自動溶接が盛んに使われていますが、半自動溶接とは、電極兼溶接棒の心線が自動で送り出される溶接を言い、溶接方法として、使われるシールドガスの種類により、ミグ溶接（アルゴンガス使用、アルミ、ステンレス鋼向け）、マグ溶接（CO_2＋アルゴンガス使用、鉄、ステンレス鋼向け）、炭酸ガスアーク溶接（炭酸ガス使用、鉄鋼向け）があります。いずれも 1950 年代前半に米国で開発されました。

　半自動、自動溶接を適用する場合、スプール（8.3.2 項参照）を自由に回転できるプレファブ工場よりも配管を動かせない現場の方が、また「パイプライン」よりもラインが 3 次元に輻湊した「プラント配管」の方が、周継手周りに溶接機の周回スペースが取りにくく、一般に適用が難しくなります。

8.2.4　パイプラインの周継手溶接の進歩

　第 3 章で述べた「パイプライン」を例に、わが国における配管周溶接の自動化の足跡をたどります。

　以下は、松本博文著「日本のパイプライン」配管技術研究協会誌　2021 年秋・冬季号 (資⑭) からの抜粋です。

　「両側溶接と同等の品質を期待できる裏波溶接棒は 1963 年までは存在せず、被覆アーク溶接部の溶け込み不良は、技術的に避けられませんでした。特に 1960 年以前は、溶接部のビードが内部流体の流れを阻害するという考え方からルートギャップを取らずに溶接することが多かったようです。1963 年に開発された低水素系裏波溶接棒は、その後改良が進められ、溶接品質は飛躍的に向上しました。

　このように進歩してきた被覆アーク溶接ですが、裏波溶接は高い技術が必要であるため、人材の確保がむつかしいこともあり、さらなるパイプラインの大径・厚肉化に伴い、初層ティグ溶接への移行や、自動溶接へと移行して

きています。

　溶接方法の自動化のレベルでは、1960 年代はワイヤー送給を自動にした半自動化でしたが、'70 年代には溶接台車やウィービング機構を自動化した機械化が行われ、'80 年代からはプログラム制御による溶接条件の完全プリセット、接触式センサーによる開先倣いの事前ティーチングを組み込んだ全自動のマグ周溶接装置の開発、'90 年代以降は、開先の狭角度化（60°V → 40°V 開先）、2 ヘッド化等による高能率化と共にアーク、CCD カメラ等のセンサー情報とデータ処理技術を組み合わせた知能化が進められています。

　最近は、シールドトンネルの発達により、大深度・長距離化がすすみ、パイプラインの肉厚もさらに厚く（19.6mm）なってきており、これを克服するためにパルスマグ溶接電源を採用した狭開先円周自動溶接法が開発され、高品質・高効率化が達成されています。」資⑭-1

8.3　配管の組立て法

8.3.1　昭和初期から中期へかけての配管製造・据付

　昭和初期の時代の配管製造・据付の状況は次のようなものでした。

　以下は「プラント配管の歩み」資① からの抜粋です。

　「1932 年（昭和 7 年）を過ぎるころから、化学工業界の近代化が進められ、各種の分解蒸留装置などの導入が始まり、圧力、温度とも高くなると共に、加熱管にはクロム・モリブデン鋼などの低合金鋼が使用され、装置まわりの配管には引き抜き鋼管の厚さが STD（スタンダード・ウェイト）や XS（エキストラ・ストロング）クラス（6.7 項、および図 6-31 参照）が多く使われました。

　このころから精油技術に関する外国文献が輸入され、よく読み、参考にしたものに、配管技術の関係では、Walker & Clocker 著 "Piping Handbook" McGraw Hill 社、石油精製技術の関係では、W.J.Nelson 著 "Petroleum Refinery Engineering" などがありました。

　1939、40 年（昭和 14、15 年）ごろからアーク溶接が現れましたが、配管にはあまり使われず、主流はガス溶接でした。そのうち、電気溶接は配管のねじ継手の漏れ止めと補強の目的で使われるようになりました。

　1942、43年（昭和17、18年）になると、管の突合わせ溶接が時々見られるようになりましたが、開先をとることなく、精々、管と管に少し隙間をあけるぐらいで、大部分はくっつけて溶接していました。

　1945年（昭和20年）、第2次世界大戦が終わると混沌とした状況がしばらく続きました。

　1949年（昭和24年）ごろ、ようやく石油産業の再開が許可されます。石油関係者が、外国、特に米国の実情を視察するとともに最新資料を入手、その結果、最新技術によるプラントが続々と建設されるようになりました。それらの多くは、機器と主要配管を図面込みで輸入しました。配管は平面図方式とアイソメトリック方式（鳥瞰図式）で描かれていました。この時期に導入されたエンジニアリング手法が日本に根付き、定着してゆきます。

　配管の接続は、特定のフランジ箇所を除き、全部、突合わせ溶接で、溶接管継手は輸入されました。

　特定箇所の溶接では、各層ごとの液体浸透試験を行い、溶接終了後、放射線透過試験が義務付けられていました。

　またこのころから、工事現場にブルドーザーやクレーン車などの大型建設機械が姿を見せるようになりました。」資①-7

　このような情況は火力発電プラントの建設においても同様で、既設機より出力がひとまわり大きくなった機種の1号機（場合によっては2号機まで）はタービンに直属する配管を含めて輸入され、派遣されたスーパーバイザ（監督者）の指導のもとに技術を習得し、また技術移管し、後続機は国産化されました。

8.3.2　プレファブからモジュール工法へ

　1960年代の始めまでのプラント配管工事は、配管はすべて、部品で据付現場に運びこまれ、配管が機器と機器の間にうまく収まるように、現場で合わせながら、管を切断、溶接する方法が一般にとられていました（図8-6）。それは、機器の座る位置や管と取合う機器の座の面が、機器の基礎工事により図面寸法通りにならないことが多かったためです。配管は現場合わせが主体であったため、配管図も詳細なものではありませんでした。しかしこの方法は、作業効率がわるく、悪条件下の作業も多くなるので、品質にも限界が

ありました。

　それらの問題を解決するため、1960年代中ごろから、ショップ・プレファブ方式（Shop Prefabrication）が採用されるようになりました。この方式は、配管をトラック輸送できるサイズ内で、管、エルボ、Tなどを工場で組み立て、建設現場へ送るものです（図8-7）。この一単位をスプール、またはスプールピースと呼びました。

　この方法の特徴は、（1）工作用図面（スプール図、またはアイソメ図）を作成する、（2）スプールの要所、要所に調整代（図面寸法より100mm程度長くしておく）を設けておく、（3）省力のため配管加工の専用機械を開発し、管の溶接は管を回転させて行う、などがあります。資①-11

　スプールを集積した現場作業場では、現場へ持込み可能な、できるだけ大きなパーツに複数のスプールを組立てて、取付け現場へ持込みます。

　さらに現場作業を減らして省力と品質向上を図ったのがブロック工法です（図8-8）。

　ブロック工法は、造船作業の効率化から生れた発想ですが、プラントの一

図8-6　現場溶接　資⑥-3より作図

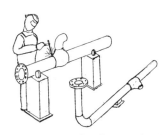

図8-7　ショップ・プレファブ工法

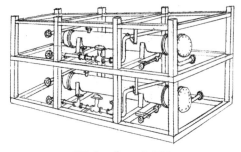

図8-8　ブロック工法

区画内にある塔槽・熱交換器・ポンプなどを、それらに付帯する配管、バルブ、計装品、サポート、保温、プラットフォーム、梯子、階段、などを一式、共通の架台や架構に組み込んだもので、各ブロックごとに現場へ運び、現場では各ブロック間の取り合い部やブロック間の渡しの配管を中心に作業すればよいので、省力、品質、災害防止の点で優れています。

さらにモジュール工法は、巨大なボイラや火力コンバインドサイクル用の排ガスボイラ（HRSG）などの全体を 10 ～ 15 箇位の大きなブロックに分割する方法で、1980 年代から実施されはじめ、一つのモジュールの重量が 1000 トン近くになるものもありました。モジュールには、機器、サポート・弁・計装を含む配管、ダクト、トレイ、コンジット、床のグレーチング、階段、モノレール、ホイスト、等々が組み込まれ、専用船でサイトへ運ばれます。

モジュール工法では、配管、計装電気の現地工事の時期が工程的に大幅に繰り上がるため、それらの設計工程も大幅に繰り上げる必要が生じます。

8.3.3 管曲げ作業の進歩

市販のエルボがない極厚肉の管や、スムースな流れにするための、エルボより大きな曲げ半径の曲げ部には、「ベンド」が使われます。65A 以上の厚肉管のベンドは、昔は、高温に熱した管を曲げる「焼き曲げ」と言われる方法で行われましたが、この作業は非常に熟練を要しました。図 8-9 参照。焼き

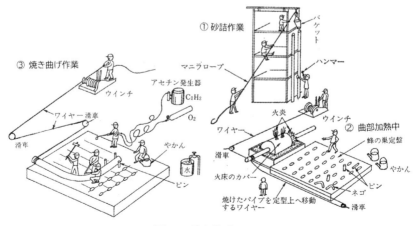

図8-9 焼き曲げ 資①-9

曲げされる管は、曲げたとき管断面が楕円に変形しないように、① 管の中に砂をハンマリングしながら、硬く詰め込み、最後に木栓を打ち込みます。② 砂詰めされた管を火床の上に置き、下から木炭やコークスで管の曲げる箇所を一様に加熱します。③ 全体が均一に焼けた頃、蜂の巣状の定盤の上へ移し、管端が移動しないように、管の両側にピンを打ち込み、さらに曲げようとする箇所の内側にもピンを入れ、もう一方の管端を引張ります。④管の断面が楕円にならぬよう、また曲げの内側にしわができないよう、外側の厚さが薄くなりすぎないよう、細心の注意を払い、要所、要所にやかんで水をかけて局部冷却したり、逆にガスで焙ったり、ハンマーなどで変形を防ぎながら、予め準備した型に一致するように曲げます。冷却後、若干元へ戻る傾向があるので、それを見越して少し強めに曲げます。⑤最後に砂を抜き、管内に焼きついた砂を除去し、形状の確認をして焼き曲げ作業を終えます。資①-9

　1965 年（昭和 40 年）ごろから、高周波誘導加熱による曲げ（図 8-10）が行われるようになり、出来栄えがよく欠陥も少ないので、現在はこの方法が専ら使われています。資①-9　管の曲げは高周波加熱コイルで曲げる管の外側から、ごく狭い幅だけを加熱しつつ管を一定速度で後ろから押します。その管の前方の端は回転アームの先に固定されていて、アームが回転して曲げ応力が発生する場所が加熱箇所に一致するようになっています。加熱箇所は降伏応力が下がり、塑性変形しやすくなっているので、アームの曲率に合わせ、変形します。管を押してアームを回転し続ければ、ベンドが出来ます。曲げ

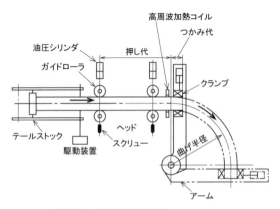

図8-10　高周波加熱曲げ　資㉓より作図

変形をしたところは直後冷却し、剛性を回復させ扁平になるのを防ぎます。

8.3.4　埋設管施工方法の進歩

　パイプライン（第 3 章参照）、都市ガス管、上水道（水道管）の多くは、地下に埋設されます。埋設管は、コストと安全性を考慮して、地表面より管上面までの深さ（土被りという）が 1.2m 程度の所に埋設されるのが一般的です。

　古くから使われ、現在でもよく使われている「一般埋設工法」は、比較的浅い土被りの箇所（3m 程度以下）に適用される工法で、掘削機により溝を掘り、その中に管を吊り下し、溶接接合・検査実施後に埋め戻す工法です。

　推進工法は 1896 年、米国の鉄道軌道の下を横切る排水管に用いられたのが最初とされ、日本では 1948 年（昭和 23 年）、兵庫県でガス管に初めて適用されました。資㉙

　推進工法は、地表から掘削を行わない非開削工法の一種で、河川や他の埋設管の下を通すことができ、交通の確保や工事公害（騒音・振動等）が防止できるほか、安全性や経済性にも優れた工法です。図 8-12 は管径 700mm 以内に適用される「小口径推進工法」で、トンネルを掘るカッタのついた推進管を発進立杭から元押ジャッキで押し込んでゆき、続いて推進管を次々に継ぎ足してゆきます。先端のカッタの動力は発進立杭の駆動装置から推進管の内部を通して、カッタに伝えられます。資⑭-2

　シールドマシンを使ってトンネルをシールド工法（1917 年、羽越線のトンネルの一部に初めて適用）で掘ったトンネル内に配管を通す方法も使われ

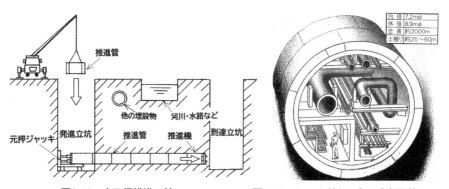

図8-12　小口径推進工法　資⑭-1　　　　図8-13　シールドトンネル内部配管　資㉒

ています。

　図 8-13 はシールドトンネル内のイメージ図で、トンネル内部はコンクリートの隔壁により配管設置スペースと運転員や保守要員の通行スペースとが分けられています。

8.4　非破壊検査

　以下は「プラント配管の歩み」(資①) から抜粋した 1920 年代の配管に対する非破壊検査の模様です。

　「1923 年（大正 12 年）頃までは、一般的には特に記録に残った試験検査は行われてはいなかった模様である。しかし、推察ではあるが、外観検査を主体に容器などは、水張りまたは水圧試験程度が行われていたものと思われる。記録には、この頃、三菱長崎造船所では、外観、水圧の他、機械的試験として、引張り、曲げ試験が行われている。その後、非破壊検査のはしりとでもいうべき石油浸透試験、ハンマリングによる音響試験、あるいは溶接する前に溶接部付近に「ワニス」を塗り、溶接後そのワニスに生じる「シワ」を見て、内部応力の様子を推察する方法などがとられていた。」資①-3

　現在使われている非破壊検査のルーツをたどると、

- 放射線透過試験（RT）は、1895 年、ドイツの科学者レントゲンが X 線を、1898 年、キュリー夫妻がガンマ線を発見したのが起源で、1920 年頃から工業分野で非破壊検査に使われだします。
- 超音波探傷（UT）は、最初は潜水艦の探知に使われ、固体の目標までの距離測定に利用されだしたのは 1931 年以降です。
- 磁粉探傷試験（MT）は 1930 年代に、渦電流探傷（ET）は 1950 年代に開発が始まります。
- 液体浸透試験（PT）は、1942 年に蛍光染料を用いた浸透液が開発され、非破壊試験の仲間入りをしました。

　1960 年代以降、材料に外力が加わった時、あるいは亀裂が進展するときに発生する超音波を検知するアコースティック・エミッション（AE）、さらに赤外線を使い遠隔で、ものの表面温度を測定する赤外線サーモグラフィー（TT）などが加わります。資⑤

　日本でこれらの非破壊検査が配管に使われだしたのは、第 2 次世界大戦後、

朝鮮戦争を契機に米軍より戦争用機械の受注に際し、非破壊検査が義務付けられ、新しい検査方法や技術が導入されてからになります。資①-4

　1955 年には「(社) 日本非破壊検査協会」(現在は (一社)) が設立され、同年ごろから、各種の試験検査方法が JIS に制定されてゆきます。

8.5　配管関連の学術・業界団体の誕生

(1) ASME (アメリカ機械技術者協会) の誕生

　1880 年、米国の 3 人の ASME 創始者と有力な工業家、発明家、が初めてニューヨークに集まり、工業化時代の幕開けに関するテーマにつき議論を行いました。創始者たちは、技術標準が、機械設計と機械製造における安全、信頼、運転効率を高めるものであるという点で一致しました。銃部品、ミシン、自転車といったようなものから、蒸気機関、工作機械、機関車に至る、ものの製造が経済的に成功する鍵は、多量の重複製品を生産することにあることが明らかになりました。

　1887 年、ASME は「管と管端ねじの、径とすべての寸法の標準」を発行しました。これは管製造の大量生産と標準化を目指すものでした。

　初期の蒸気機関用ボイラの設計と製造は頼れる規格がなかったので、当時、製造者各自が持っている知識だけでボイラを製造していました。そのため数多くのボイラ爆発事故が発生しました。1865 年 4 月、ミシシッピ川を航海していた貨客船サルタナ号の 3 基のボイラが爆発し、1547 名の犠牲者を出しました (米国最大の海難事故)。また、1895 年からの 10 年間で 3600 余のボイラ爆発と 7600 人の命が失われました。そこで 1907 年にマサチューセッツ州でボイラの設計を規制する規則が初めてつくられ、その後、米国各州で同様なものが続々作られていきます。

　当時、ASME は、米国における先進的な技術者組織としてすでに認められており、関係団体から統一的なボイラ規則の制定が要望されていました。そして 1915 年、ASME は最初のボイラ規則である、セクション I、発電用ボイラ規格を制定します。以後、順次、各種ボイラや圧力容器の規格が制定されてゆきます。

　圧力配管用の規格は、ASME の要請を受けた ASA (米国標準協会) が 1926 年に B31 として発行することになりましたが、多数の地方政府や関係

部門が関連していたため、その発行は、ASA B31「圧力配管暫定標準規格」が1935年、正式規格のASA B31.1「圧力配管標準規格」が1942年になりました。石油精製、石油化学等のプロセス配管の規格は、ASA B31.3 として、1957年に発行されました。これらは後に、ASME B31.1 および B31.3 になります。資㉛

(2) 日本機械学会

1897年（明治30年）、機械工学とその関連分野の学会として発足しました。現在の（一社）日本機械学会です。

(3) API（アメリカ石油協会）

米国で石油産業が始まるのは、ドレーク油井が発見された1859年ですが（第3章参照）、600を超える数の、石油の生産、プロセス、送油業をメンバーとし、標準を制定する機関として、APIがニューヨークに設立されたのは1919年でした。設立から最初の100年で、700以上の運転、安全、効率化、などに関する標準が作成されました。

(4) EJMA（米国伸縮管継手製造者協会）

金属ベローズ式伸縮管継手の設計と製造の品質向上と維持を図るため、1955年に設立されました。EJMAの金属ベローズ式伸縮管継手の標準は世界で最も権威のある標準で、世界中で使われ、JIS B2352 ベローズ形伸縮管継手にも反映されています。

(5) 日本バルブ工業会

1941年（昭和16年）、日本各地方にあったバルブ工業団体が参加する「日本バルブコック工業組合連合会」が発足。このとき参加した会員工場数は540社でした。1943年（昭和18年）の戦時下に「日本弁製造統制組合」に改組され、理事長には海軍中将、専務理事には陸軍少将が赴任しました。戦後の混乱期を経て、1954年、戦後のブランクを埋めるべく、「日本弁工業会」が発足しました。そして1962年、現在の「日本バルブ工業会」と改称しました。資㉚　相互研鑽、バルブ各種標準（日本バルブ工業会規格）の発行、バルブ便覧発行、海外視察団派遣、講習会開催などを実施し、日本の配管関係の団体の中で、最も活動している団体の一つと思われます。

(6) 配管技術研究協会

当協会の前身、「配管技術研究会」は、日本の高度成長が将に始まった

1961 年（昭和 36 年）10 月設立され、同年 11 月社団法人として認可され
ました。

　翌 1962 年 1 月に、東京ステーションホテルで開かれた「社団法人認可記
念披露会」には 130 名の賛同者が出席し、その席上で披露された当時の科学
技術庁長官、三木武夫氏の次のような祝辞に、当時の業界の技術水準と、当
協会に寄せる大きな期待をうかがい知ることが出来ます。すなわち「————。
申すまでもなく配管技術は化学工業等における一連の装置が有機的に結合し
総合的な機能を発揮させるために必要な技術であり、その高度化について関
係産業から強く要望されているにもかかわらずわが国においては欧米先進諸
国に比して甚だ低い状況にあります。

　このような状況下にあるとき我が国の配管技術者が中心となり産業界学会と
タイアップして配管及び装置の発達改善に寄与するための調査研究等を行う団
体が生まれ、社団法人として認可をうけましたことはまことに意義あることと
存じ慶賀に耐えないところであります。————。」（原文のまま）資㉕

　1968 年（社）配管技術研究協会と名称変更、2012 年（一社）配管技術研
究協会となり、現在に至ります。日本の配管技術も欧米と肩を並べるレベル
にある今日、業界に果たす当会の役割は、協会設立時とは変わって、厚生労
働省管轄のプラント配管製図と同作業の技能士育成事業への参画、配管関連
JIS の制定と改訂、講習会・見学会の開催、協会誌の発行、業界親睦などの、
配管技術の普及、配管技術者の育成を通じて、配管業界に貢献しています。

第8章 出典・引用資料

①竹下逸夫：プラント配管の歩み　自家出版　（1983）　-1:60 頁、-2:67~69 頁、
　-3:73~75 頁、-4:76 頁、-5:81 頁、-6:84 頁、-7:106~118 頁、-8:152,153 頁、-9:154~157 頁、
　-10:159 頁、-11:173,174 頁
② The History of Welding
　https://www.millerwelds.com/resources/article-library/the-history-of-welding
③ C.J. シンガーら、高木純一訳　技術の歴史 10 巻　筑摩書房　（1979）　519 頁
④ Arc Welding - Wikipedia　https://en.wikipedia.org/wiki/Arc_welding
⑤横野泰和：溶接構造物の非破壊試験技術、　溶接学会誌 第 79 巻第 8 号（2010）
⑥竹下逸夫：化学プラント配管工事の変遷、自家出版　日揮工事発行 日本工業出版（1992）
　-1:18,19 頁、-2:64 頁、-3:67 頁、
⑦石川　澄：溶接技術の歴史、　配管技術研究協会誌　2001 年秋季号
⑧ヘンミ計算尺（株）ホーム頁　https://www.hemmi-inc.co.jp/
⑨写真提供　（株）タイガー
⑩カシオ計算機（株）ホーム頁、電卓の歴史

http://arch.casio.jp/dentaku/info/history/beginning/
⑪ Oil line Pipeline Characteristics and Risk Factors Illustration from the Drcade Construction by John F. Kiefner
⑫ 小泉康夫：消えてしまった機械・道具たち、　配管技術研究協会誌　2001 年秋季号
⑬ 湯原耕造：第 8 章　火力・原子力発電プラントの配管レイアウト、　プラントレイアウトと配管設計　日本工業出版　(2017)　159,160 頁
⑭ 松本博文：日本のパイプライン、　配管技術研究協会誌　2021 年秋・冬季号
⑮ 西野悠司：トコトンやさしい配管の本　日刊工業新聞社　(2013)
⑯ 小浜勝彦：バルブ製造業と CAD、　配管技術研究協会誌　2000 年秋号
⑰ 百合岡信孝：溶接・接合技術の進歩と今後の展望、　新日鉄技報　第 335 号　(1995)
⑱ History of TIG Welding Invention and Development
http://www.netwelding.com/history_tig_welding.htm
⑲ 写真提供　武藤工業（株）
⑳ 写真提供　NEC パーソナルコンピュータ（株）
㉑ History of Gas Welding
https://www.millerwelds.com/resources/article-library/the-history-of-welding#:~:text=Gas%20tungsten%20arc%20welding%20 (GTAW,Devers%2C%20who%20used%20argon.
㉒ 笠原進一：LNG 低温配管の設計技術、配管技術　日本工業出版　2000 年 2 月増刊号　24 頁
㉓ 第一高周波工業（株）　カタログ
㉔ George Wehrle：American Gas Works Practice、Pregressive Age Publishing Co. (1919)　591 頁
㉕ 配管と装置　（社）配管技術研究会　1962 年 1 月号　　71 頁
㉖ 雀部　謙：ろう付・はんだ付けの起源と歴史（その 1）、　溶接学会誌　第 66 巻第 3 号　(1977)
㉗ プラント配管技能士必携　　（社）配管技術研究協会　出版年不詳
㉘ L.T.C. ロルト、磯田　浩訳：工作機械の歴史：平凡社　(1989)
㉙ 橋本定雄：埋設工法の歴史と現況、　月刊推進技術　Vol.1　No.4
㉚ バルブ工業の歩み 1974　日本バルブ工業会　(1974) 28~31 頁
㉛ History of ASME Standards
https://www.asme.org/codes-standards/about-standards/history-of-asme-standards

事項・人名索引

事項・人名索引

＜編著者紹介＞
西野　悠司（にしの　ゆうじ）

（主な業務歴）

1963年　早稲田大学第1理工学部機械工学科卒業

1963年より2002年まで、株式会社東芝(現在の東芝エネルギーシステムズ株式会社)京浜事業所、続いて、東芝プラントシステム株式会社において、発電プラントの配管設計に従事。その後、3年間、化学プラントの配管設計にも従事。

現在、一般社団法人 配管技術研究協会監事

日本機械学会火力発電用設備規格構造分科会委員

西野配管装置技術研究所代表

主な著書

「トコトンやさしい配管の本」日刊工業新聞社 (2013年)

「プラントレイアウトと配管設計」（共著）　日本工業出版 (2017年)

「そうか！わかった！プラント配管の原理としくみ」日刊工業新聞社(2020年)

ものがたり「配管の歴史」

令和4年8月1日 初版第1刷発行

定価：2,750円（本体2,500円＋税10％）〈検印省略〉

発行人　一般社団法人 配管技術研究協会

編　著　西野悠司

製作・発売　日本工業出版株式会社

https://www.nikko-pb.co.jp/　e-mail：info@nikko-pb.co.jp

本　　　社　〒113-8610　東京都文京区本駒込6-3-26

　　　　　　TEL：03-3944-1181　FAX：03-3944-6826

大阪営業所　〒541-0046　大阪市中央区平野町1-6-8

　　　　　　TEL：06-6202-8218　FAX：06-6202-8287

振　　　替　00110-6-14874

■落丁本はお取替えいたします。

ISBN978-4-8190-3408-1　C3050　¥2500E